U0210645

隐私敏感移动性模式网络的净化方法研究

张海涛 著

科学出版社

北京

内 容 简 介

　　本书面向移动轨迹数据交易中的隐私及安全问题,提出了隐私敏感移动性模式网络的净化方法。主要内容包括:移动性模式网络构建方法,基于时空及网络特征的隐私敏感空间区域分类方法,基于隐私敏感移动性模式网络的推理攻击分析,隐私敏感移动性模式网络的净化方法及实现等。

　　本书面向的读者对象为 GIS 及相关专业的本科生或研究生,以及从事 LBS 相关应用开发和技术研究的工程技术人员。

图书在版编目(CIP)数据

隐私敏感移动性模式网络的净化方法研究 / 张海涛著. —北京:科学出版社,2019.2

ISBN 978-7-03-060463-7

Ⅰ.①隐… Ⅱ.①张… Ⅲ.①互联网络－个人信息－隐私权－网络安全－数据保护－研究 Ⅳ.①TP393.083

中国版本图书馆 CIP 数据核字(2019)第 014025 号

责任编辑:周　丹　沈　旭　邢　华 / 责任校对:樊雅琼
责任印制:张　伟 / 封面设计:许　瑞

科　学　出　版　社 出版
北京东黄城根北街 16 号
邮政编码:100717
http://www.sciencep.com

北京凌奇印刷有限责任公司 印刷
科学出版社发行　各地新华书店经销
*
2019 年 2 月第　一　版　开本:720 × 1000　1/16
2019 年 6 月第二次印刷　印张:9　插页:2
字数:190 000
定价:99.00 元
(如有印装质量问题,我社负责调换)

序

2009 年 2 月 6 日，15 名来自社会科学、计算机科学和物理学的重要科学家联名在 *Science* 上发表文章 *Computer social science*，宣告了计算社会科学的诞生。

计算社会科学是倡导使用大量新兴数据研究人类集体行为的研究范式，以前所未有的广度、深度及规模搜集与分析数据。与此同时，计算社会科学的兴起与发展也遭遇着重重阻碍。其中，最令人头疼的是数据获取和使用中涉及的个人隐私问题。一次偶然的违背个人隐私事故的发生，就可能使社会对信息共享深恶痛绝，甚至会颁布一些扼杀计算社会科学发展的法律条文。但是，计算社会科学的研究不能只集中在私人公司和政府部门内部，因为这会使得只有拥有特权的学术研究者才能使用独一无二的"秘密"数据，发表无法被别人评价和复制的论文。从长远来看，这不利于知识的积累、验证与传播。因此，制定合理的规章制度，研发新型的隐私保护技术，降低信息泄露风险，保留数据的研究价值，已成为计算社会科学发展的一个关键。

通信领域中电信运营商拥有的包含用户位置的移动轨迹数据，具有用户数量多、数据拥有者相对集中、时空尺度大等传统移动轨迹数据不可替代的优势。将电信运营商的移动轨迹数据与众多行业的专题数据进行集成、关联分析以及数据挖掘，可以发现具有语义隐喻信息的移动性模式。借助这些移动性模式，相关领域的科研工作者可以开展人口流动与资源、经济等动态变化特征之间关系的科学研究。但是，电信运营商拥有的移动轨迹数据主要从接近用户身体的移动设备（如智能手机等）在接入移动通信网络时发送的移动实时位置信令数据中获取，加重了隐私泄露的危险性。

南京邮电大学张海涛博士的科研团队在国家自然科学基金项目、江苏省自然科学基金项目、江苏省重点研发计划（社会发展）项目的资助下，开展了针对电信运营商的移动轨迹数据发布及共享中的隐私保护技术的研究。有别于传统的针对数据级别隐私问题的研究，该团队重点关注从移动轨迹数据中挖掘移动性模式的隐私保护技术。该书选取更有助于计算社会科学应用研究，但也更具挑战性的移动性模式网络为研究对象，研究可以保持移动性模式网络的结构特征，以用于了解复杂系统的宏观特征、发现隐藏在复杂系统中的机制规律，同时又能消除更具威胁性和隐蔽性的网络推理攻击的隐私保护技术。该书是作者在 2016 年出版的《基于时空关联规则推理的 LBS 隐私保护研究》的姊妹篇，书中提出的移动性模式网络构建方法、基于时空及网络特征的隐私敏感空间区域分类方法、基于隐私敏感移动性模式网络的推理攻击分析、隐私敏感移动性模式网络的净化方法及实现等研究成果，对推动电信运营商开展电信大数据交易，促进地理信息科学领域、社会公共安全管理领域的学者开展隐私保护的知识挖掘与分析研究具有重要意义。

蒋国平

南京邮电大学副校长、教授、博士生导师

2018 年 9 月 6 日

前　　言

　　位置隐私是近年来学术界与工业界关注的热点。是数据开放共享促进创新应用，还是严格隐私保护保证数据安全，孰轻孰重？这是早期争论的焦点。大数据、人工智能等新兴技术的迅猛发展、国内外一系列隐私泄露事件的极大社会反响，使科研人员逐渐认识到研究同时实现隐私保护与数据可用性技术的重要性。

　　数据级别的位置隐私保护是国内外学者关注研究的热点，但是基于敏感知识的位置隐私推理攻击因具有预测性和普适性，往往更具攻击性与威胁性。为此，作者申请了国家自然科学基金项目（41201465，基于大时空范围 LBS 匿名集的推理攻击及隐私保护方法）和江苏省自然科学基金项目（BK2012439，对抗基于时空关联规则推理攻击的 LBS 隐私保护研究），在项目的资助下，研究了基于攻守双方对等感知信息级别的 LBS 隐私保护机制。在分析移动对象数据的时空关联规则推理与防护方法以及移动对象数据与匿名集数据不同特性的基础上，结合 LBS 长期、连续、在线服务的特点，研究了时空关联规则的概率化挖掘与推理攻击方法、基于动态阻止推理攻击的渐进式隐私保护方法，以及阻止推理攻击的匿名保护模型的量化评估与优化方法。并于 2016 年将这些成果在《基于时空关联规则推理的 LBS 隐私保护研究》专著中出版。

　　当前，复杂网络的研究与应用得到了蓬勃发展，从网络的视角研究复杂空间系统成为一个新的方向。挖掘移动轨迹数据得到的移动性模式网络，可以看成生成数据的复杂空间系统的拓扑抽象。分析移动性网络的结构特征，有助于了解如社交网络、城市系统、流行传染病等复杂系统的宏观特征，发现隐藏其中的机制规律。

　　但是，技术是一把"双刃剑"。基于移动性模式网络的推理分析，也可能会被攻击者用于对用户位置隐私的推断。例如，当移动性模式网络中节点对应的空间区域与具有敏感属性信息的外源专题地理数据（如发电厂、煤气站、油库、军事禁区、宗教、娱乐场所等所处的地理位置数据）产生交集时，移动性模式网络也就具有隐私敏感属性。隐私敏感移动性模式网络通常具有复杂的网络拓扑结构，使传统的针对单一模式的防护方法难以奏效。研究应对基于敏感移动性模式网络的推理攻击并保证网络可用性的防护方法更具挑战性。

　　为此，作者申请了江苏省重点研发计划（社会发展）项目（BE2016774，电信大数据中面向社会公共安全管理的敏感移动性知识的隐私设计方法研究），在项目的资助下，研究可以保持移动性模式网络的结构特征又能消除网络推理攻击的隐私保护技术。本书内容涵盖了已经取得的成果。

在本书的撰写过程中，课题组的研究生朱云虹、武晨雪、汪佩佩、陈泽伟、刘钊、周欢、蒋继飞、胡志鹏、于晨光等参与了部分章节的图表制作、文字校对等工作，在此表示深深的谢意！本书的写作过程，得到了许多专家的支持和帮助，特别感谢南京师范大学的张书亮教授对书中内容提出的宝贵意见！在本书编写过程中得到了科学出版社的大力支持，周丹编辑做了大量的工作，使本书得以顺利出版，在此一并表示衷心的感谢！

本书涉及的知识领域广泛，而今科学技术发展日新月异，又由于时间和水平有限，书中难免有疏漏和不足之处，敬请读者批评、指正！

张海涛

2018 年 8 月 30 日

目　　录

第1章 绪 论

1.1 研 究 背 景

近年来，随着互联网、云计算、物联网和智能终端的迅速发展，数据处于爆炸式增长阶段[1]。中国信息通信研究院发布报告：大数据市场在 2010 年至 2015 年期间增长了 3 倍[2]。对于国家来说，数据是战略资源，地位堪比工业时期的石油资源，是衡量一个国家综合国力的标准之一；对于企业来说，数据是其核心竞争力，决定着企业的长远发展。

1.1.1 数据分析的价值

可穿戴设备、平板电脑、笔记本电脑、智能手机等类型的智能终端，其内置的位置感知设备及应用软件产生了大量的移动轨迹数据①[3]。接入电信运营商移动通信网络的智能手机产生的移动轨迹数据，具有用户数量多（截至 2016 年全球手机用户数接近 48 亿，截止到 2017 年 6 月底我国手机用户数量已达到 13.6 亿）、数据拥有者相对集中（目前，一个国家一般只有三四家电信运营商）、时空尺度大（接入移动通信网络即可从移动实时位置信令数据中获取用户的位置，且空间上都是全球覆盖）等卫星定位数据不可替代的优势。

电信运营商从内部管理的角度出发，通过对移动轨迹数据的分析以及数据关联，可实现系统优化、行业及个人客户的业务定制等增值服务[4-9]。但在应用驱动创新的需求下，电信运营商不再满足于只是提高企业自身业务，而是转向数据资产的平台化运营，即通过数据交易平台进行数据的业务化封装与运营。将电信运营商的移动轨迹数据与众多行业的专题数据进行集成、关联以及数据挖掘分析，可发现具有语义隐喻信息的移动性模式[10-14]。这些移动性模式不仅可以为相关行业应用提供一定的辅助决策[15]，促生个性化医疗、数字金融、精准营销等新型商业模式，而且可为相关领域的科学工作者开展智能交通[16-18]、城市规划[19-21]、疾病传播[22-24]、人口流动[25-31]等人口流动与资源、经济等动态变化特征之间关系的研究工作提供重要支撑。

---

① McKinsey 全球机构的报告显示，个人位置数据池在 2009 年的数据量为 1PB，并以每年 20%的速度增长。根据联合国全球地理空间信息管理指南的预算，每人每天生成 2.5MB 的数据，大部分数据产生于内置位置感知功能的智能终端设备。

1.1.2　隐私安全问题

开放电信运营商的移动轨迹数据在便于公众研究和使用的同时，也会带来隐私泄露的风险。用户的真实身份、特殊职业、宗教信仰、政治党派、性取向等隐私敏感信息的泄露，会给其生活、工作带来严重的干扰，甚至会产生人身安全风险。同时，电信运营商的移动轨迹数据主要从接近用户身体的移动设备在接入移动通信网络时发送的移动实时位置信令数据中获取，这更加重了隐私泄露的危险性。攻击者掌握移动轨迹数据和相关背景数据的数量、规模，以及进行数据分析能力的不同，对用户隐私安全产生威胁的程度也不同。隐私攻击的类别主要包括：数据级别和知识级别[32]。

（1）数据级别。电信运营商的移动轨迹数据产生于移动用户手机设备。这种基于直接测量的数据产生方式，使移动轨迹数据跟踪记录了用户在时空区间的运动过程。用户的移动轨迹数据包含了其在某个特定时刻的空间位置信息。用户轨迹信息的泄露，会产生隐私共享、隐私攻击的安全问题。因此，电信运营商的移动轨迹数据在提供给第三方进行集成分析时，必须进行去标识化的匿名处理。

但是，随着移动互联网、社交网络等相关技术的快速发展，用户的信息有了更加广泛的分布。攻击者可将匿名化处理的移动轨迹数据与外源数据进行连接分析，多源、多维的数据连接分析可以无限放大用户的个体独特性，从而造成对用户的重标识攻击。例如，文献[33]指出，对于任一用户的移动轨迹数据，只需要 4个轨迹点的匹配运算，即可实现 95%的用户标识识别度。为此，一些学者提出了基于 Mixzone、PathCloaking 技术阻断攻击者对移动轨迹数据跟踪的方法。但是，这些方法通常面临基于速度等参数的推理攻击问题。此后，一些学者提出了轨迹 k-匿名的方法[34]。

（2）知识级别。轨迹 k 匿名的处理方法可以在一定程度上应对数据级别的隐私安全问题。但是，当攻击者使用数据挖掘等工具从电信运营商的移动轨迹数据中得到移动性模式，并将其与具有敏感属性信息的外源专题地理数据（如发电厂、煤气站、油库、军事禁区、宗教、娱乐场所等所处的地理位置数据）进行关联时，可发现具有隐私敏感属性的移动性模式。虽然隐私敏感的移动性模式反映的是大量用户群体的移动性规律，并不涉及特定个人的信息，但是，隐私敏感的移动性模式对于任何满足移动性模式前置条件（例如，移动用户的位置与移动性模式的位置相匹配时）的用户，都会产生位置推理的隐私威胁[35]。同时，隐私敏感的移动性模式具有预测性，攻击者还可以基于模式推理侵犯用户未来的位置隐私。因此，电信运营商在发布及共享其移动轨迹数据时，必须对数据进行净化处理，以消除隐藏其中的具有隐私敏感属性的移动性模式。

1.2　国内外研究现状

按照计算机科学与统计科学的分类，移动轨迹数据中的隐私敏感移动性模式的消除方法，隶属于数据挖掘领域中隐私保护数据挖掘（PPDM）和隐私保护数据发布（PPDP）的理论与方法范畴。采用失真和阻塞技术抑制敏感知识、实现敏感隐藏是其重要的实现方式[36-38]。目前，敏感知识隐藏方法的研究主要集中在关联规则、序列模式及分类模型 3 个方面。其中，在关联规则方面取得的成果最为丰富，国内外学者提出了包括启发式、边界修改及精确隐藏的系列方法[39]。Atallah 等[40]在 1999 年首次提出了基于启发式的关联规则隐藏方法，算法的基本思想是：从原始数据库中有选择性地清理事物，以实现敏感关联规则的快速隐藏。此后，文献[41]提出了系列的改进方法。文献[42]首次提出了边界修改方法，通过修改原始数据库中频繁项集和非频繁项集中的边界，并采用贪心算法进行数据修改，实现了敏感规则的隐藏和最小的边界修改。Menon 等[43]首次将频繁模式的隐藏转化为约束满足问题，并使用整数规划进行求解，开启了精确隐藏方法。目前，专门针对轨迹数据中敏感移动性模式的知识隐藏方法主要包括：轨迹数据发布、隐私感知的分布式分析及移动性序列模式的动态隐藏。

1.3　存在的问题

现有的针对轨迹数据中敏感移动性模式的隐藏方法存在的共性问题是：涉及的移动性模式，都是从时空数据库角度定义的关联规则、序列规则、序列模式等简单移动性模式。依据简单移动性模式间的共同项，将大量简单移动性模式连接在一起，可以构建以模式项为节点、模式项之间连接为方向边的移动性模式网络。基于移动性模式网络的分析，相对于基于单一的简单移动性模式分析，更能够发现模式间的关联关系和整体结构特性。

轨迹数据中包含了移动用户为完成特定目标任务，在不同空间区域间运动的信息。移动性模式网络可以看成产生轨迹数据的复杂空间系统的拓扑抽象。对移动性模式网络的结构特征（如聚集系数、节点度、中心性等）进行研究分析，有助于了解如社交网络[44-51]、城市系统[52, 53]、流行传染病[54-56]等复杂系统的宏观特征，发现隐藏其中的机制规律。

但是，技术具有中立性，攻击者也可分析敏感移动性模式，构建具有隐私敏感属性的移动性模式网络。敏感移动性模式网络通常具有复杂的网络拓扑结构，这使得基于敏感移动性模式网络的推理攻击更具有威胁性和隐蔽性。因此，分析基于敏感移动性模式网络的推理攻击并设计相应的防护方法，具有必要性，也更具挑战性。

　　本书结合作者承担的国家自然科学基金项目（41201465，基于大时空范围 LBS 匿名集的推理攻击及隐私保护方法）、江苏省自然科学基金项目（BK2012439，对抗基于时空关联规则推理攻击的 LBS 隐私保护研究）、江苏省重点研发计划（社会发展）项目（BE2016774，电信大数据中面向社会公共安全管理的敏感移动性知识的隐私设计方法研究）的研究成果，提出了通过分析网络拓扑结构特征对隐私敏感移动性模式网络进行净化以消除对应隐私推理攻击的方法。研究成果对于推动运营商开展电信大数据交易、促进地理信息科学领域、社会公共安全管理领域的学者开展隐私保护的知识挖掘与分析研究具有重要意义。

1.4　本书章节安排

　　本书共包括 7 章，基本内容如下。

　　第 1 章绪论，介绍了本书提出方法的相关背景、研究意义、解决问题的基本思路及章节的组织安排等。

　　第 2 章基本概念，介绍了 Spark 大数据平台、机器学习、复杂网络、隐私设计方法的基本概念，为后续章节内容的学习奠定基础。

　　第 3 章移动性模式网络构建方法，介绍了从移动轨迹数据中构建移动性模式网络的两种方法：基于序列模式挖掘的方法和基于图挖掘的方法，并通过实验对两种方法的性能进行了对比分析。

　　第 4 章基于时空及网络特征的隐私敏感空间区域分类方法，介绍了一种通过统计、分析移动性模式网络中所有节点对应空间区域的时空与网络特征，进行节点敏感属性判定的监督分类方法，并在 Spark 大数据平台上进行了实现。最后，实验分析了方法的性能。

　　第 5 章基于隐私敏感移动性模式网络的推理攻击分析，定义了基于隐私敏感移动性模式网络对用户位置隐私进行推理攻击的模型，并给出了基于网络连通性分析的推理攻击场景。

　　第 6 章隐私敏感移动性模式网络的净化方法及实现，介绍了一种包括数据可用性与网络安全性评估模型设计、网络类型判定、节点重要性分析等关键步骤的隐私敏感网络净化方法，并在 Spark 大数据平台上进行实现。最后，实验分析了方法的有效性和适用性。

　　第 7 章总结与展望，对本书的主要内容进行了总结，并对今后的研究方向进行了展望。

第 2 章 基 本 概 念

本章介绍 Spark 大数据平台、机器学习、复杂网络、隐私设计方法的基本概念，为后续章节内容的学习奠定基础。

2.1 Spark 大数据平台

本节介绍 Spark 大数据平台的基本特点、运行模型、生态圈等，为后续相关算法的实现以及实验性能测试奠定基础。

2.1.1 Spark 简介

Spark 系统是一个通用、开源的快速并行计算框架，由加利福尼亚大学伯克利分校的 AMP 实验室开发。与 Hadoop 相比，Spark 系统具有以下特点[57, 58]。

（1）Spark 具有 Hadoop 的优点，也根据 MapReduce[59]算法执行分布式运算。但与 Hadoop 不同的是，Job 的中间输出及计算结果能够存储在内存上，不需要反复地读写 HDFS。因此，Spark 程序的运行速度远高于 Hadoop 程序。另外，Spark 更擅长迭代的 MapReduce 运算，这使其更适合于需要大量迭代运算的机器学习和数据挖掘算法。

（2）Spark 采用 Scala 语言开发实现。Scala 是以 Java 虚拟机为基础的新型程序设计语言，能在处理数据方面提供更高的可靠性和更快的计算性能。Spark 和 Scala 的紧密集成，使开发者能够采用类似于操作本地数据对象的方法去读写分布式环境中的数据集。

（3）Spark 拥有丰富的 API 接口。编程人员能够简易地实现相关算法。一般情况下实现相同功能的算法，Spark 的代码量是 Hadoop 的 1/10 或 1/100。因此，可大大提高程序开发的效率。

2.1.2 Spark 运行模型

1. 基本架构

Spark 部署应用运行在一个或者多个集群之上，Spark 的基本架构如图 2.1 所示。其中，SparkContext 驱动 Spark 应用的运行，Cluster Manager 分配资源和任务调度，Executor 执行 Spark 调度的任务。各部分具体的功能如下：

（1）集群管理器（Cluster Manager）。Cluster Manager 核心任务为资源分发与管理。Cluster Manager 分发资源具有最高优先级。

（2）客户端驱动程序（Driver App）。Driver App 又称应用程序，用于将任务程序转换为弹性分布式数据集（resilient distributed datasets，RDD）[60]和 DAG（有向无环图），并负责与集群管理器之间的通信。

（3）工作节点（Worker Node）。Worker Node 的工作流程是，针对 Spark 的应用程序，先从 Cluster Manager 处获取分配的资源，然后创建 Executor，最后将获得的资源分配给 Executor。同时，还负责资源信息与 Cluster Manager 的同步。

（4）执行者（Executor）。Executor 是 Worker Node 上运行计算任务的一个进程。每个 Driver App 都有一个独立的 Executor。Executor 的核心是执行任务，同步 Worker Node 和 Driver App 之间的信息，以及存储数据资源到内存或磁盘。

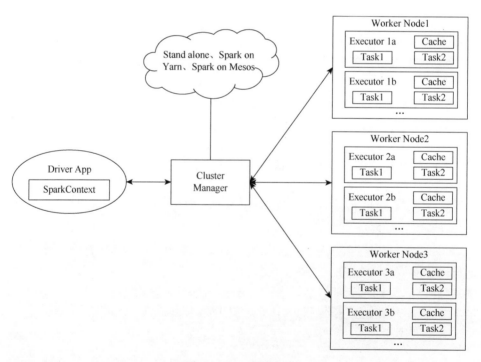

图 2.1　Spark 基本架构

具体执行流程如下：

（1）Driver App 的 SparkContext 与 Cluster Manager 进行通信。

（2）Cluster Manager 启动 Executor 进程。

（3）应用程序代码（如 JAR 文件或 Python 文件）经过 Cluster Manager 传送到 Executor。

（4）SparkContext 传送 Task 到 Executor，执行数据处理、计算和存储等操作。

2. 调度模式

Spark 的调度运行既可使用本地模式，也可使用分布式模式。分布式模式包括 3 个应用场景：Stand alone、Spark on Yarn 和 Spark on Mesos。Spark on Yarn 和 Spark on Mesos 分别使用 Yarn 和 Mesos 资源管理系统进行调度运行。Stand alone 模式，又称独立模式，不依靠额外的资源管理系统，即可完成资源管理和容错功能。Stand alone 模式的节点分为 Master、Client 及 Worker。Driver 程序能够运行在 Master 节点上，也能够运行在本地 Client 端。通过 Spark-Shell（交互式工具）提交 Spark 代码，Driver 程序运行在 Master 上。在 IDEA 和 Eclipse 等平台中利用 Spark-Submit 工具提交代码或利用"spark：//master：7077"方法执行 Spark 代码，则 Driver 程序运行在 Client 端。

3. 计算模型

RDD 是 Spark 进行数据处理和运算的核心，是在 MapReduce 基础上的一种扩展。在集群环境中 RDD 是一种内存抽象形式的数据集，运行在多个分布节点上，在并行计算阶段能够实现高效的数据共享。RDD 在迭代运算方面具有很好的表达能力，可以有效执行需要大量迭代运算的图数据处理，实现经典的图计算模型[61, 62]。

RDD 使用划分函数对数据集进行处理，实现内存的分布式控制。在程序运行时，Spark 系统根据可用资源有效地去放置可划分的数据，控制数据存储的位置（内存或磁盘）与分区，实现容错与并行，如图 2.2 所示。

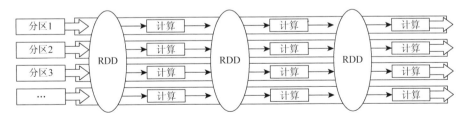

图 2.2 RDD 计算模型

RDD 定义了"变换＋动作"的编程规范（如 join、map、filter 等变换和 collect、count 等动作），使得处理的数据在整个的计算流程中均可使用：首先根据依赖关系进行串联，然后按照顺序缓存每一个转换操作，最后调用 Action 执行计算功能。

2.1.3　Spark 生态圈

Spark 生态圈，又称伯克利数据分析栈（BDAS），主要包括 Spark Core、Spark SQL、Spark Streaming、Spark MLlib 及 Spark GraphX 等组件，如图 2.3 所示。其中，

（1）Spark Core 实现核心部分的基础功能，包括：部署调度模式、分配存储结构、提交与执行任务等。

（2）Spark SQL 实现 SQL 相关的功能，使得熟练关系数据库的开发人员能够实现交互式查询。

（3）Spark Streaming 实现实时流式计算，处理实时大数据，支持来源于 Flume、Kafka、Twitter、Kinesis、MQTT 及简单形式的 TCP socket 等数据。此外，数据库系统、文件系统或实时展示系统也可以存储 Streaming 处理的结果。

（4）Spark MLlib 用于机器学习，实现机器学习中的分类、统计、协同过滤及回归等经典算法。

（5）Spark GraphX 对图数据进行处理。

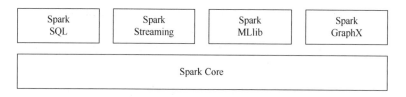

图 2.3　Spark 生态圈

2.2　机 器 学 习

本节介绍机器学习的基本概念、基于决策树的分类算法、模型评估方法、Spark 机器学习类库等，为后续章节中移动性模式网络构建方法的设计、实现以及性能测试奠定基础。

2.2.1　基本概念

机器学习的目的是从数据中训练出一个系统，其逻辑不是基于程序的编译，而是在数据中进行知识的学习。机器学习算法先通过数据集推断不同变量之间的

模式和关系，再使用学习到的知识推测数据集之外的内容，即数据预测[63]。机器学习涉及以下基本概念。

（1）特征值。特征值即观察到的属性值，也称维度、预测指标，或者变量。在数据表中，一行表示一个观察对象，一列表示一种属性值。表 2.1 显示了在数据表中行和列的实际意义，其中每一行表示同一对象的所有观察值，组成一个特征向量。例如，表 2.1 中的每一行表示一个特征向量，记录了一个网格数据的隐私敏感属性、入度、出度、节点重要性等特征值。

表 2.1　特征值示例表

隐私敏感属性	入度	出度	节点重要性	静止停留点数	缓移停留点数	直接穿越点数	间接穿越点数	平均速率/(km/h)
1	7	2	2.3994901	498	7508	151	15	2.846826602
1	76	57	4.3618002	3	1170	536	88	14.73856859
0	2	3	0.4215350	10	1155	313	27	9.279837775
1	2	2	0.4195550	0	109	5	28	28.65979381
0	16	11	1.1481760	15	733	415	37	16.69131455
1	24	21	1.1245440	78	2578	487	40	5.431804556

特征值主要分为两种类型：①类别型特征，是描述性特征，采用固定数量的离散值，对数据进行定性表达。②数值型特征，是用数值量化的特征。如表 2.1 中的第 2 列和第 3 列表示的入度和出度特征都是量化的数值。

（2）标签。标签是机器学习过程中进行预测的重要指标，也是分类的标准。标签可以是类别，也可以是数字。例如，表 2.1 中的第一列用 0 或 1 标签表示空间网格是否具有敏感属性。

（3）模型。模型是用于捕获数据集内模式的一种数据结构。它评估了数据集中变量之间的相互依赖关系，具有预测功能。当给定独立变量时，可以计算出因变量的值。通常，模型的表示方式是一个特征函数，以特征值作为输入，获得相应的输出。

（4）训练数据。为了进行预测，学习算法需要在大量的数据上进行训练。通常，用于训练模型的数据称为训练数据或训练集。训练数据可以是已知数据或历史数据，其中可以指定某一属性为标签，也可以不指定标签属性。

（5）测试数据。用以评估模型预测性能的数据称为测试数据。在模型训练之后、预测新数据之前，应在测试数据上测试模型的预测准确性。需要注意的是，应严格划分训练数据与测试数据，两者不能存在交集。

2.2.2　机器学习算法

机器学习算法使用数据获取训练模型的过程又称数据拟合。根据训练数据是否包含标签属性,机器学习算法分为两种类型:监督机器学习和非监督机器学习。本书后续章节中使用监督分类模型,因此重点关注此类算法。监督机器学习算法实现的主要步骤如下:

(1)将数据集分为训练数据、测试数据和预测数据。

(2)为训练模型找寻特征值。

(3)使用监督机器学习方法在训练数据上拟合模型。

(4)使用测试数据集评估模型。

(5)将模型应用于预测数据。

本书使用基于决策树的监督分类算法。决策树算法从训练数据中提取出决策规则,形成一棵决策树,如图 2.4 所示。

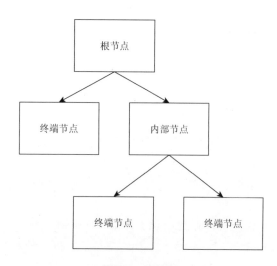

图 2.4　决策树

其中,内部节点又称非叶子节点,终端节点又称叶子节点。内部节点存储一个特征值或预测变量的值,终端节点存储观测值的平均值。给定一个未标记的观测结果,决策树模型从根节点开始,评估模型内部节点的观察结果,直至遍历到终端节点,返回存储在终端节点处的预测标签。决策树算法的优点是:模型易于理解,对类别型特征和数值型特征都有效;对数据中的离群点具有鲁棒性,即一些极端的或者可能错误的数据点不会对预测结果产生影响。

2.2.3　模型评估方法

模型应用于新的数据集之前，需要使用测试数据评估模型预测的准确性。模型评估的标准通常包括曲线下面积（AUC）、F 值和均方根误差（RMSE）等指标。

（1）曲线下面积。曲线下面积用于二元分类器的评估，表示模型对随机的二元标签做出正确预测的比例。用图形化方式表示预测结果，横轴表示预测的假阳性所占比例，纵轴表示预测的真阳性所占比例，曲线下面积越大，表示分类结果越准确。例如，图 2.5 中，模型 2 的预测性能明显优胜于模型 1。

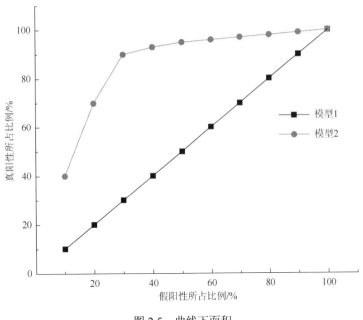

图 2.5　曲线下面积

（2）F 值。F 值也称 F-分数，用于评估分类结果。F 值由召回率和精度构成。召回率（Recall）是正确预测的阳性样本与所有标签本来为阳性的样本的比值，计算公式为

$$\text{Recall} = \text{TP}/(\text{TP} + \text{FN}) \tag{2.1}$$

其中，TP 表示正确预测的阳性值；FN 表示错误预测的阴性值。

精度（Precision）是由正确预测的真阳性样本占预测中所有阳性样本的比值，计算公式为

$$Precision = TP/(TP + FP) \tag{2.2}$$

其中，TP 表示正确预测的阳性值；FP 表示错误预测的阳性值。

F 值是召回率和精度的调和值，计算公式为

$$F\text{-}measure = 2 \times (Precision \times Recall)/(Precision + Recall) \tag{2.3}$$

F 值为 0～1。当取值为 1 时，模型的预测结果最佳；当取值为 0 时，模型的预测结果最差。

（3）均方根误差。均方根误差通常用来评估回归算法生成的模型。回归算法中的误差是指观察值的实际标签与预测标签之间的差异。均方根误差是在均方误差（MSE）基础上的一种指标。均方误差是误差值的平方和均值，均方根误差是均方误差的平方根。两种误差的值越低，表示模型的预测性能越好。

2.2.4　Spark 机器学习类库

Spark 提供两种机器学习的类库：MLlib 和 Spark ML（也称为管道 API）。两者都构建在基本的 Spark 内核之上，如图 2.6 所示。MLlib 类库是 Spark 附带的第一个机器学习类库，比 Spark ML 类库更为成熟。MLlib 类库包含了常用的机器学习算法和一系列数据分析功能，如数据汇总、分层采样、假设检验、随机数生成等。

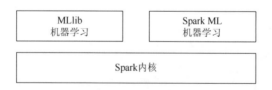

图 2.6　Spark 的 MLlib 类库和 Spark ML 类库

2.3　复 杂 网 络

本节介绍典型复杂网络分类、复杂网络的基本拓扑结构特性，可为本书后续章节中网络构建、推理攻击分析及净化方法设计等内容奠定基础。

2.3.1　复杂网络分类

复杂网络是多学科交叉研究的一个热点。从 20 世纪 90 年代开始，国内外学术界就已开展复杂网络的研究，已在生物（神经元网、基因调控网和蛋白质交互网）、力学、物理、社会、经济等领域取得了显著的成果，形成了针对不同研究对

象的理论、模型、分析方法[64, 65]。学者从有效描述真实系统的网络拓扑结构模型出发，先后提出了规则网络、随机网络、小世界网络和无标度网络。

1. 规则网络

规则网络是学者最早研究的网络，可追溯至 17 世纪欧拉的七桥问题。规则网络中节点与边之间的关系固定不变，包括环形、链形、星形等。规则网络中的节点聚集系数较大、平均最短路径较长。

2. 随机网络

1960 年，Erdős 和 Rényi 提出了随机图的数学理论——ER 随机图论，并由此构建了随机网络模型。随机网络模型是网络领域的一项重要理论研究成果，经过几十年的发展，逐渐成为描述各种随机网络的主要工具。随机网络的节点与边之间的关系随机形成，度分布服从泊松分布[66-68]。

3. 小世界网络

20 世纪末，美国的 Strogatz 和 Watts 提出了小世界网络模型（WS）。该网络模型与 ER 随机网络模型有较为明显的区别：节点聚集系数大、平均最短路径短。由于 WS 模型中节点度值近似服从泊松分布，不太容易分析。Newman 和 Watts 对 WS 模型进行了改进，提出了改进的小世界网络模型（NW）。此后，Dorogovtsev 和 Mendes 对 NW 模型做了精确的求解，Kleinberg 基于二维格点图提出了更具一般性的小世界网络模型。Kleinberg 模型的优点是：通过对节点中的平均最短路径进行调节，可以实现快速的网络构建[69]。

4. 无标度网络

1999 年，美国的 Barabási 和 Albert 从统计物理方向研究复杂网络模型。通过追踪万维网的演化过程，Barabási 和 Albert 发现很多复杂网络的节点度服从幂分布 $t^{-\alpha}$。其中，t 是节点度变量，α 是一个与标度无关的常数。Barabási 和 Albert 将具有这种特性的复杂网络命名为无标度网络。无标度网络的特征表现是：模型结构不均匀，少量节点度值很高，多数节点度值很低[70]。

节点增加和择优连接是生成无标度网络的关键，具体过程：①节点增加，在一个全连接网络中，每次以一定的概率增加一个新节点。②择优连接，新节点与全连接网络中的节点进行随机连接，连接的概率与被选节点的度值成正比。

2.3.2　复杂网络特性

分析复杂网络的结构特性，有助于了解复杂系统的宏观特征，发现隐藏在对应复杂系统中的机制规律。点和边是复杂网络的基本构成单元。点又称顶点、标志点或者节点。两点之间的连线称为边。依据边是否具有方向，可以将网络进一步分为有向网络和无向网络[71]。图 2.7 是一个有向网络的拓扑结构图。

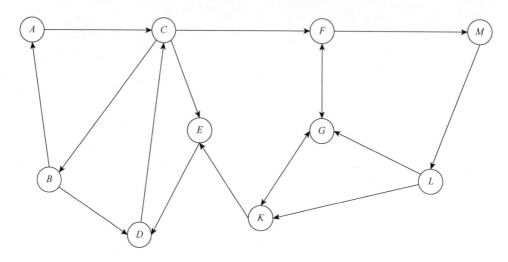

图 2.7　有向网络的拓扑结构图

$$AM = \begin{bmatrix} 0 & 0 & 1 & 0 & 0 & 0 & 0 & 0 & 0 & 0 \\ 1 & 0 & 0 & 1 & 0 & 0 & 0 & 0 & 0 & 0 \\ 0 & 1 & 0 & 0 & 1 & 1 & 0 & 0 & 0 & 0 \\ 0 & 0 & 1 & 0 & 0 & 0 & 0 & 0 & 0 & 0 \\ 0 & 0 & 0 & 1 & 0 & 0 & 0 & 0 & 0 & 0 \\ 0 & 0 & 0 & 0 & 0 & 0 & 1 & 0 & 0 & 1 \\ 0 & 0 & 0 & 0 & 0 & 1 & 0 & 1 & 0 & 0 \\ 0 & 0 & 0 & 0 & 1 & 0 & 1 & 0 & 0 & 0 \\ 0 & 0 & 0 & 0 & 0 & 0 & 1 & 1 & 0 & 0 \\ 0 & 0 & 0 & 0 & 0 & 0 & 0 & 0 & 1 & 0 \end{bmatrix}$$

图 2.8　图 2.7 中有向网络的邻接矩阵

描述网络的基本结构特性，涉及以下基本概念。

1）邻接矩阵

不管是无向网络还是有向网络，其节点间的拓扑连接关系均可以采用邻接矩阵（adjacency matrix，AM）表达。无向网络的邻接矩阵是对称的，而有向网络的邻接矩阵是非对称的。邻接矩阵中第 i 行、第 j 列的值表示节点 i 到 j 的连通性，若连通，则值为 1，否则为 0。同时，约定节点到节点本身是不连通的。图 2.8 是图 2.7 中有向网络的邻接矩阵。

2）节点的度

节点的度是指与节点连接的边的数量。对于有向网络，节点的度又分为入度和出度。到达顶点的边的数量为入度，从顶点出发的边的数量为出度，两者之和为该节点的度。节点的度的计算公式如下：

$$k_i = \sum_j l_{ij} \tag{2.4}$$

其中，k_i 表示节点 v_i 的度；i、j 为节点 v_i、v_j 的下标；l_{ij} 用来表示 v_i 和 v_j 之间是否连通，如果连通，则 $l_{ij}=1$，如果不连通，则 $l_{ij}=0$。

节点的度通常包含丰富的语义信息，可以表示节点的重要程度。例如，在传播学中，如果某节点的度比其他节点都高出不少，就表明该节点传播病毒的能力比其他节点更强；在通信网中，节点的度的大小可以反映节点通信能力的强弱；在社交网络中，节点的度的大小可以有效反映个人的社会交际能力、影响力等信息。图 2.7 中有向网络节点的度值信息如表 2.2 所示。

表 2.2 图 2.7 中有向网络节点的度值信息

节点	度	节点	度
A	2	F	4
B	3	G	5
C	5	K	4
D	3	L	3
E	3	M	2

3）度分布

从统计学角度来看，度分布是指复杂网络中全部节点的度的概率分布函数，计算公式如下：

$$P(k > k_0) = \sum_{k=k_0}^{\infty} p_{k_0} \tag{2.5}$$

其中，p_{k_0} 为度值大于等于 k_0 的节点占所有网络节点的比例。

度分布反映复杂网络的均匀性，是判断网络内部结构复杂程度的一个重要依据。例如，在规则网络中，与每个节点相连边的数量都是相同的，节点的度分布是均匀分布；在随机网络中，与每个节点相连边的数量是随机的、不定的，节点的度分布是二项分布，接近于泊松分布；在无标度网络中，大量节点的度值比较低，极少数节点的度值很高，网络的度分布服从幂律分布。

4）节点间距离

对于无权网络，节点间距离指的是两节点间连边的条数。对于有权网络，则需为两节点间连边赋予一定的权重。

5）最短路径和平均最短路径长度

最短路径：从一个点到达另一个点的所有路径中距离最短的路径。

平均最短路径长度（average shortest path length，ASPL）是指网络中全部节

点之间最短路径的平均值。平均最短路径长度能用来表示节点之间的传输效率。平均最短路径长度的计算公式如下：

$$ASPL = \frac{1}{N(N+1)}\sum_{i \neq j} d_{ij} \tag{2.6}$$

其中，d_{ij} 表示节点 v_i 和节点 v_j 之间的最短路径距离；N 表示网络中节点的数量；ASPL 表示网络规模大小以及节点之间的平均分离程度。

6）聚集系数

聚集系数表示某节点与直接相邻节点相互连接的密集程度，其值为节点的相邻节点之间实际存在的连接边数占所有可能存在的边数的比值。节点 v_i 的聚集系数的计算公式如下：

$$Clustering_i = \frac{2l_i}{k_i(k_i - 1)} \tag{2.7}$$

其中，l_i 指节点 v_i 的相邻节点之间实际存在的连接边数；k_i 指节点 v_i 的度，$k_i(k_i - 1)$ 为节点 v_i 的相邻节点之间所有可能存在的连接边数。整个网络的聚集系数的计算公式如下：

$$Clustering = \frac{1}{N}\sum_{i=1}^{N} Clustering_i \tag{2.8}$$

其中，N 为网络中所有节点的总数；$Clustering_i$ 为节点 v_i 的聚集系数。

2.3.3 Spark GraphX 的图计算框架

Spark GraphX 是一个实现分布式计算图模型的计算框架[72]，如图 2.9 所示。

为了能够在集群的节点上存储图数据，需要进行图的分割操作。通常采用两种分割方法：点分割和边分割，如图 2.10 所示。Spark GraphX 一般使用点分割，将边分割到一个分区（单独的计算节点），而将顶点分割到不同的分区。

Spark GraphX 采用 Vertex Table、Edge Table、Routing Table 这 3 个 RDD 存储图的相关信息。

（1）Vertex Table（id，data）。id 为顶点 id，data 为顶点属性。

（2）Edge Table（pid，src，dst，data）。pid 为分区 id，src 为源顶点 id，dst 为目的顶点 id，data 为边属性。

（3）Routing Table（id，pid）。id 为边的 id，pid 为分区 id。

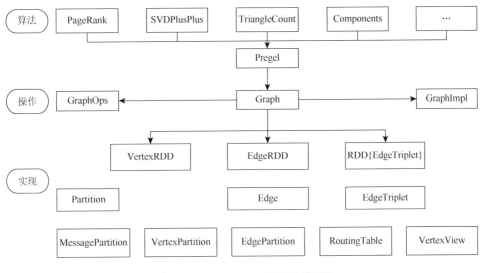

图 2.9 Spark GraphX 的图计算框架

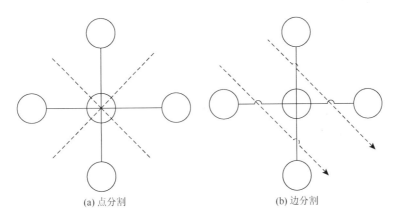

(a) 点分割   (b) 边分割

图 2.10 图分割

Spark GraphX 以高层次方式抽象表达图中顶点、边、顶点属性和边属性之间的关系。Spark GraphX 通过引入一种特殊的有向多重图对 Spark RDD 进行扩展。有向多重图中的点和边都带有属性，且使用一份物理存储提供 Table 和 Graph 两种视图，如图 2.11 所示。

其中，Table 和 Graph 两种视图将图计算和数据计算集合于同一系统中，既可将数据当作图进行操作，又可把数据当作表进行操作。Table 视图将图看成 Vertex Table 和 Edge Table 的组合。此外，两种视图都有自己独特的操作符，这使得操作过程更具灵活性。基于 Graph 视图可以执行 subgraph、reverse、mapReduceTriplets 等操作，以及 map、reduce、filter、join 等的并行计算操作。

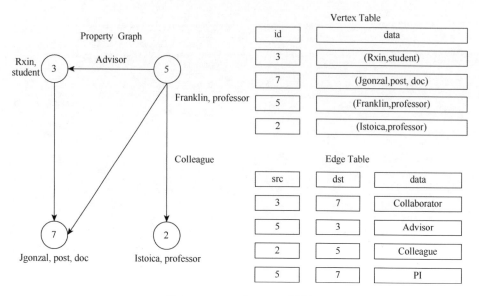

图 2.11　Table 和 Graph 视图

Spark GraphX 提供了 3 种生成有向属性图的方法：

（1）由顶点和边构成有向图的方法 Graph（Vertex，Edge）。

（2）直接由边生成有向图的 fromEdges 方法。若使用该方法，自动生成默认的对应顶点。

（3）edgeListFile 方法直接从包含有向边信息的文本文件中生成有向图及其反向图。同时，顶点由边自动生成。

2.4　隐私设计方法

本节分析传统隐私增强技术方法的缺点、隐私设计方法产生发展过程及方法的优点，重点介绍隐私设计方法的两个主要原则，同时给出基于隐私设计方法的典型应用。该部分内容为后续章节中隐私敏感移动性模式网络净化方法的内容奠定基础。

2.4.1　隐私增强方法存在的问题

传统的基于知识隐藏的隐私保护方法主要采用隐私增强技术（privacy-enhancing technologies，PETs）。隐私增强技术的缺点是：①采用被动防御的策略，依据设计者在系统开发后期突发产生的隐私保护想法，或者系统发布后应最终用户的隐私保护要求，采用"打补丁"的隐私保护方法。不仅滞后于攻击技术，而且会增加技术开发的难度、产生很大的资源开销。②未考虑隐私保护处理后信息的可用性问题，采用"零和"（zero-sum）博弈模式，不能实现隐私保护与数据可用性的平衡设计。

2.4.2 隐私设计方法的出现与发展

针对隐私增强技术的缺点，2001 年瑞士苏黎世联邦理工学院的 Langheinrich 博士提出隐私设计（privacy by design，PbD）方法，以替代隐私增强技术（PETs）[73]。

隐私设计的核心理念是转被动模型为主动模型，在系统设计阶段主动考虑面临的隐私攻击类型，针对性地设计相应的隐私保护方法。同时，隐私设计支持全功能的"正和"（positive-sum）模式，可实现隐私保护安全性、可用性的"双赢"（win-win）方案。

2008 年加拿大安大略省的信息和隐私专员 Cavoukian 博士对隐私设计的内容进一步扩展，设计了 7 个基本原则[74]。

原则 1：主动防御。不是在事件发生之后考虑如何处理隐私保护问题，而是在事件发生之前就主动考虑背景知识、攻击模型。

原则 2：系统默认。不需要个体特意进行隐私保护设置，系统默认设置。

原则 3：隐私嵌入设计。隐私保护是一个不可缺少的环节。同时要求隐私保护的加入，不仅不能削弱系统的功能，还可以提高业务流程的处理效率。

原则 4：全功能。保护用户的隐私，且有利于创造价值。

原则 5：端到端的生命周期保护。隐私设计方法贯穿于从数据收集直至系统废弃的整个过程，形成端到端的全生命周期的隐私保护。

原则 6：可见性和透明性。系统将数据收集、使用等细节对用户公开，保证用户的知情权。

原则 7：尊重用户的隐私。在数据的收集、使用、存储、共享等过程中都要以尊重用户隐私为根本原则。

表 2.3 列出了实现 7 个基本原则系统的基本信息。

表 2.3 实例系统对应隐私设计原则的隐私特征

序号	隐私设计原则	隐私特征
1	主动防御	系统运行在多台相互连接的服务器网络上
		用户设置服务器的操作具有复杂性
		系统对于用户数据的安全性设置了从高到低的等级
		系统提供隐私影响评估的过程，以判定隐私保护产生的影响

续表

序号	隐私设计原则	隐私特征
2	系统默认	系统中使用 GNUPG 签名加密来保证系统的隐私安全
		系统中使用了隐私模型
		系统默认考虑隐私安全
		尽管用户对隐私无任何要求，系统也将隐私安全作为默认系统要求
3	隐私嵌入设计	系统使用的是针对自身设计的嵌入式隐私安全,而不是第三方的隐私保护加密软件
4	全功能	系统尽可能地考虑各方面的、全面的隐私安全
		系统文档中对于客户端、服务器中的信息涉及较少
5	端到端的生命周期保护	系统考虑如何实施端到端的全周期的隐私保护
		系统将内容删除的规定详细具体化
6	可见性和透明性	任何人可以获取系统的开源代码
7	尊重用户的隐私	系统包含数据及通信的隐私安全模型
		与系统的可信任连接的过程比较复杂

此后，隐私设计（PbD）迅速得到国际法律界、学术界的广泛关注。

在法律界，2009 年 9 月 Cavoukian 博士在西班牙马德里与以色列法律、信息和技术管理局联合召开了隐私设计的研讨会（Privacy by design：The definitive workshop）[75]。2010 年 10 月，在以色列耶路撒冷召开的第 32 届国际数据保护和隐私委员会会议上，隐私设计被一致通过成为国际标准。来自世界各地的数据保护机构承诺在其各自管辖区范围推进隐私设计。同年，美国联邦贸易委员会在向其商业团体的提议中推荐使用隐私设计。2012 年 1 月 25 日欧盟委员会在新提出的数据保护法律框架中引入了隐私设计[76]。

在学术界，国内外学者开展了对隐私设计在移动数据采集[77]、物联网系统[78]、远程家庭护理[79]、社交网络的医疗保健[80]、人口信息学研究[81]、生物识别加密[82]、智能电网[83]等方面的典型应用的研究，并针对隐私设计在应用中存在的理论与方法问题开展了探索研究[84-86]，其中文献[87]研究了隐私设计中信息自我决策的缺陷，设计了 3 种可替代的隐私理论；文献[88]研究了隐私设计面临的技术、伦理以及法律上的限制，并给出了相应的改进方法；文献[89]提出了隐私设计的架构方法；文献[90]研究了隐私设计使用隐私性能评估进行隐私保护全面定量分析和独立评估的方法；文献[91]提出了隐私设计中具有良好结构和精度的隐私影响评估方法；文献[92]提出了隐私设计中基于隐私感知建模技术的威胁量化建模方法。

接下来，重点对隐私设计方法中的端到端的生命周期保护、全功能这两个原则的实施过程进行详细的分析。

2.4.3 隐私设计方法的原则 1：端到端的生命周期保护

在研究一个系统的价值链时，需要考虑系统各个阶段的目的以及涉及的各方主体的立场。分析系统完整的生命周期，提取每个阶段的隐私要求和相应的实现策略。系统各个阶段通常不是单纯地使用某种技术，而是多种不同技术的结合。因此，需要针对不同的阶段，设计相应的隐私保护策略。

1. 数据采集与收集阶段的隐私设计

（1）最小化。数据收集阶段应保证数据最小化。对于收集数据的控制器需要精准地定义，只收集满足处理目的实际需要的个人数据类型，以避免不必要的个人数据收集或传输。

（2）聚合。数据处理或分析时尽量使用聚集数据，不直接使用个人数据。事实上，在基于分布式数据源的统计分析中，通常不需要直接使用个人数据，匿名化处理的聚合数据就可以满足要求。

（3）隐藏。在多数情况下，个人隐私数据的收集是在用户未知的情况下进行的。因此，对于数据的收集应该使用反跟踪、加密、身份屏蔽和安全文件共享等隐私保护技术。

2. 数据分析阶段的隐私设计

（1）聚合。数据分析阶段较为重要的技术是匿名化，这对数据的收集和下一步的数据存储都起到重要的作用。不同的隐私模型和匿名化方法都要保留数据的可用性，以用于数据挖掘分析。k-匿名隐私保护和差分隐私保护是目前主要的两种匿名处理方法。

（2）隐藏。隐私保护分析中另一个重要技术是加密技术，在对加密数据执行搜索和其他计算操作时尤为重要。可搜索加密、同态加密及安全多方位计算是目前的主流研究方法。

3. 数据存储阶段的隐私设计

（1）隐藏。对于数据库中个人数据的隐私保护，主要采用粒度访问控制和身份验证两种方式。基于属性的访问控制技术可以提供细粒度的访问控制策略，更具扩展性。

（2）分离。对于个人数据的保护而言，分布式系统中的隐私保护是主要的实现方法，其不需要中心数据仓库，提供跨数据库计算的隐私保护。

2.4.4　隐私设计方法的原则 2：全功能

为实现隐私保护与数据可用性的平衡设计，隐私设计一般都包括 3 个假设：

（1）分析中的个人数据是敏感的，隐私保护技术很大程度上取决于被保护数据的性质。例如，适用于社交网络的隐私设计方法，并不能直接应用于移动轨迹数据。

（2）攻击模型，即攻击者的知识和目的。攻击模型可能是 honest-but-curious 攻击模型，也可能是恶意攻击模型。不同模型的特性决定了不同的行为。honest-but-curious 攻击模型尽可能多地学习隐私知识，但通常保证执行协议的正确性。而恶意攻击模型则可随意地偏离协议，更难进行防护。

（3）分析查询的类型，通常需要找到数据隐私和数据实用性之间的平衡。例如，移动轨迹数据防御策略的设计，应该考虑数据用于城市人群流动性行为的分析。

2.4.5　典型应用

针对移动轨迹数据的隐私设计，目前最典型应用包括：数据发布过程、分布式分析系统、数据挖掘外包过程[93, 94]。

1. 数据发布过程中的隐私设计方法

轨迹数据发布过程中的隐私设计方法需要保证个人的隐私安全。其中，聚类中心可信任，在隐私数据收集或者发布前，采取隐私转换策略，将基于个人移动数据的分析转为隐私感知的模式。

2. 分布式分析系统中的隐私设计方法

在分布式分析系统中，分布式节点可信任，不具有恶意攻击性。而聚类中心收集各个计算节点的流数据，可能会从其他资源获取数据的真实标识信息，属于不可信任节点。

3. 数据挖掘外包过程中的隐私设计方法

数据公司将交易数据外包给第三方，以隐私保护的方式获取数据挖掘服务。数据挖掘外包过程中的隐私问题，与数据发布过程中的隐私保护问题的主要区别在于：数据挖掘外包过程中，原始数据以及挖掘结果数据均是私有、不公开的。

第 3 章 移动性模式网络构建方法

基于单一的简单移动性模式，或者孤立分析简单移动性模式集合中的单一模式，很难掌握简单移动性模式之间的关联关系，以及由其构成的移动性模式网络的整体特征。为了挖掘出用户行为的底层机制、深入了解用户的移动性行为，利用用户简单移动性模式之间的相互关系，将大量单一移动性模式分别赋予不同的重要性并进行拓扑连接，可以形成移动性模式网络，如图 3.1 所示。

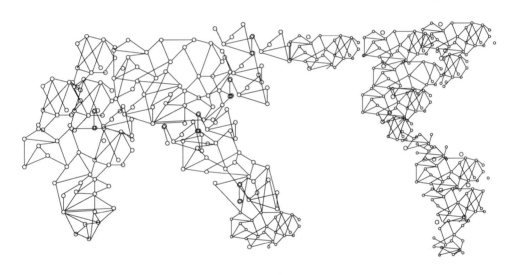

图 3.1　移动性模式网络

移动性模式是从大量用户为实现特定目标而在特定空间区域内运动的轨迹中挖掘的规律，移动性模式网络可看成由人口、交通等包含大量空间特性的复杂系统的拓扑抽象。通过研究移动性模式网络的特征（如聚集系数、出入度、平均路径长度、节点重要性等），可以掌握对应空间系统的特性，发现系统的宏观特征以及支撑用户运动行为规律的底层机制。移动性模式网络的构建是一项非常重要的基础性工作。本章提出两种从移动轨迹数据中获取移动性模式网络的方法：基于序列模式挖掘的方法与基于图挖掘的方法。

3.1　基于序列模式挖掘的移动性模式网络构建方法

3.1.1　序列模式挖掘

当前对于移动性模式的研究，基本都是基于信息科学的时空数据库来进行定义，主要包含 3 种类型：绝对时间模式、相对时间模式及序列模式[95]。移动轨迹数据中序列模式挖掘涉及以下基本概念。

定义 3.1　轨迹通常被定义为移动对象的时空演变，可以表示为 $T = \{\langle \text{tp}_1, t_1 \rangle,$ $\langle \text{tp}_2, t_2 \rangle, \cdots, \langle \text{tp}_n, t_n \rangle\}$。其中，$n$ 表示对象在移动过程中记录采样点的数量；tp_i 表示第 i 个轨迹点；t_i 表示第 i 个时间间隔；tp_i 在 tp_{i+1} 之前出现。

定义 3.2　一条轨迹的序列模式定义为 $\text{SP} = \{\text{dsr}_1 \rightarrow \text{dsr}_2 \rightarrow \cdots \rightarrow \text{dsr}_m\}$，其中，$\text{dsr}_i (1 \leqslant i \leqslant m)$ 代表一个离散的空间区域；m 是 SP 的长度。

定义 3.3　给定轨迹 $A = \{\langle \text{tp}_1, t_1 \rangle, \langle \text{tp}_2, t_2 \rangle, \cdots, \langle \text{tp}_n, t_n \rangle\}, n \geqslant 1$，和序列模式 $B = \{\text{dsr}_1 \rightarrow \text{dsr}_2 \rightarrow \cdots \rightarrow \text{dsr}_m\}, m \geqslant 1$，如果存在整数 $1 \leqslant i_1 < \cdots < i_m \leqslant n$，使得 $\text{tp}_k \in \text{dsr}_{i_k}$，$1 \leqslant k \leqslant m$，则称 A 支持 B，记作 $\text{Supp}_A^B = 1$，否则 $\text{Supp}_A^B = 0$。

定义 3.4　给定序列数据库 $\text{SeD} = \{T_1, T_2, \cdots, T_n\}$ 和序列模式 $A = \{\text{dsr}_1 \rightarrow \text{dsr}_2 \rightarrow \cdots \rightarrow \text{dsr}_m\}$，$A$ 在 SeD 的支持度可定义为 $\text{Supp}_{\text{SeD}}^A = \dfrac{\sum\limits_i^n \text{Supp}_{T_i}^A}{n} \times 100\%$，

$\sum\limits_i^n \text{Supp}_{T_i}^A$ 称为支持度计数。

如果 $\text{Supp}_{\text{SeD}}^A$ 的值不小于用户设置的最小支持度阈值 minsup，则 A 就是频繁的序列模式。

定义 3.5　假设有轨迹序列模式 $A = \{\text{dsr}_1 \rightarrow \text{dsr}_2 \rightarrow \cdots \rightarrow \text{dsr}_m\}$，$m$ 是 A 的长度。特别地，如果 $m = 2$，该模式为单点模式；如果 $m > 2$，该模式为多点模式。

本质上，多点模式可以看成多个单点模式的组合。例如，一个多点模式 $A = \{\text{dsr}_1 \rightarrow \text{dsr}_2 \rightarrow \cdots \rightarrow \text{dsr}_n\}$ 可以通过组合以下的单点模式得到：$B_1 = \{\text{dsr}_1 \rightarrow \text{dsr}_2\}$，$B_2 = \{\text{dsr}_1 \wedge \text{dsr}_2 \rightarrow \text{dsr}_3\}, \cdots, B_{n-1} = \langle \text{dsr}_1 \wedge \text{dsr}_2 \wedge \cdots \wedge \text{dsr}_{n-1} \rightarrow \text{dsr}_n \rangle$。

因此，为了简化问题的描述，这里只考虑单点模式。表 3.1 是一个单点模式集合的实例。

表 3.1　单点模式集合的实例

序号	序列模式	序号	序列模式
1	$A \rightarrow B$	2	$A \rightarrow D$

续表

序号	序列模式	序号	序列模式
3	$D \rightarrow A$	11	$F \rightarrow D$
4	$B \rightarrow C$	12	$F \rightarrow E$
5	$B \rightarrow D$	13	$G \rightarrow F$
6	$B \rightarrow E$	14	$G \rightarrow H$
7	$C \rightarrow E$	15	$H \rightarrow G$
8	$D \rightarrow E$	16	$I \rightarrow H$
9	$D \rightarrow F$	17	$I \rightarrow E$
10	$D \rightarrow G$		

　　序列模式挖掘的目的是找出序列数据库中项集先后出现的规律，即从序列数据库中找出大于等于用户设置的最小支持度阈值的全部序列的集合，得到所有的频繁序列。典型的序列模式挖掘算法包括：基于 Apriori 特性的算法、基于垂直格式的算法、基于投影数据库的算法及基于内存索引的算法等[96]。基于 Apriori 特性的算法实现伪代码如下：

算法 3.1　序列模式挖掘 SPMining

输入：序列数据库 S

输出：序列模式 Fk

```
1. F1={Frequent itemsets};
2. for(i=2;Fi-1;i++)
3.  Ik=engender(i-1);
4. end for
5. for each client-sequence I in S
6.  Sum the number of all candidates in Ik that included
in I;
7.  Fk=Candidates in Ik with minsup
8. end for
```

其中，第 1 行获取频繁序列；第 2～4 行对频繁序列进行扩展，产生候选序列；第 5、6 行扫描数据库，算出每个序列的支持度；第 7、8 行找出满足最小支持度阈值的序列模式。

3.1.2　基于序列模式的移动性模式网络构建

　　结合地理空间的拓扑结构和从用户移动轨迹数据中挖掘的简单序列模式，找出各模式间的共同项，通过共同项将大量简单序列模式连接在一起，构建以空间区域为节点、以移动用户在空间区域之间的运动轨迹为方向边的有向加权移动性模式网络。下面结合一个实例给出具体的实现过程。

1. 移动性序列模式挖掘

表 3.2 中包含 4 条轨迹数据。其中，每个轨迹点采用空间划分的网格表示，并按时间先后顺序进行排列。为简化后续序列模式挖掘实例的描述，使用支持度计数阈值，并设置为 3。具体的计算过程如下。

表 3.2　轨迹数据

序号	轨迹数据							
1	〈58621〉 〈55021〉	〈60121〉	〈60922〉	〈58822〉	〈59822〉	〈59323〉	〈59122〉	〈58022〉
2	〈54223〉	〈60922〉	〈57922〉	〈59323〉	〈55221〉	〈55021〉	〈58022〉	〈62023〉
3	〈63323〉 〈57922〉	〈60121〉	〈58822〉	〈59323〉	〈55021〉	〈60922〉	〈58022〉	〈62023〉
4	〈61322〉 〈59323〉	〈59120〉 〈54023〉	〈58022〉	〈58822〉	〈59322〉	〈55021〉	〈62023〉	〈60121〉

（1）计算表 3.2 中轨迹数据包含的所有非重复网格的支持度，得到结果如表 3.3 所示。

表 3.3　网格支持度

网格序列	支持度	网格序列	支持度
〈58621〉	1	〈54223〉	1
〈60121〉	2	〈57922〉	2
〈60922〉	3	〈55021〉	4
〈58822〉	3	〈55221〉	1
〈59322〉	1	〈63323〉	1
〈59822〉	1	〈62023〉	3
〈59323〉	4	〈61322〉	1
〈59122〉	1	〈59120〉	1
〈58022〉	4	〈54023〉	1

（2）删除表 3.3 中支持度计数小于 3 的网格，得出的频繁网格如表 3.4 所示。

表 3.4　频繁网格

网格序列	支持度
〈60922〉	3
〈58822〉	3
〈59323〉	4
〈58022〉	4
〈55021〉	4
〈62023〉	3

（3）合并表 3.4 中的频繁网格，得到的候选序列集如表 3.5 所示。

表 3.5　频繁网格生成的候选序列集

序列	支持度	序列	支持度
〈60922, 58822〉	1	〈58822, 62023〉	2
〈60922, 59323〉	3	〈59323, 58022〉	4
〈60922, 58022〉	3	〈59323, 55021〉	4
〈60922, 55021〉	3	〈59323, 62023〉	3
〈60922, 62023〉	2	〈58022, 55021〉	4
〈58822, 59323〉	3	〈58022, 62023〉	3
〈58822, 58022〉	3	〈55021, 62023〉	3
〈58822, 55021〉	3		

（4）对表 3.5 中的候选序列集进行剪枝，删除支持度计数小于 3 的序列，最终得到频繁的序列模式如表 3.6 所示。

表 3.6　挖掘出的频繁序列模式

序列模式	支持度	序列模式	支持度
〈60922, 59323〉	3	〈58822, 58022〉	3
〈60922, 58022〉	3	〈58822, 55021〉	3
〈60922, 55021〉	3	〈59323, 58022〉	4
〈58822, 59323〉	3	〈59323, 55021〉	4

续表

序列模式	支持度	序列模式	支持度
〈59323, 62023〉	3	〈58022, 62023〉	3
〈58022, 55021〉	4	〈55021, 62023〉	3

2. 基于共同项连接的移动性模式网络构建

首先，将表 3.6 中的数据存储成文本格式，其中每条记录存储为一行，序列模式的前项、后项、支持度使用空格分开。例如，表 3.6 中的第一模式存储为：60922 59323 3。然后，采用 GraphX 的 API 函数实现网络构建。算法实现的基本代码如下。

算法 3.2　NetworkGen

输入：转换格式后的序列模式文件 SPFile

输出：生成的网络图 Graph

```
1. $/path/to/spark/bin/spark-shell
2. import org.apache.spark.graphx._
3. val sparkConf=new SparkConf().setAppName(" ").setMaster
(" ")
4. val sc=new SparkContext(Conf)
5. val patterndata=sc.textFile
(SPFile)
6. val edges : RDD[Edge[Int]]=
patterndata map {
7. line=>
8. val row=line split " "
9. Edge(row(0).toInt , row(1).
toInt, 1)}
10. val graph: Graph[Int, Int]=
Graph.fromEdges(edges, 1)
```

其中，第 1 行启动 spark-shell。第 2 行引入 GraphX 类库。第 3～5 行导入序列模式数据。第 6～9 行将序列模式文件中的第 1 列、第 2 列，分别设定为源、汇节点，生成有向边。第 10 行依据有向边生成有向网络图。

图 3.2 是基于表 3.6 中序列模式数据生成的移动性模式网络。

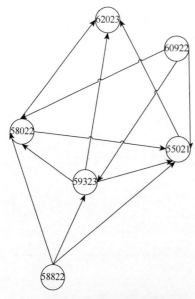

图 3.2　基于表 3.6 中序列模式数据
生成的移动性模式网络

3.2 基于图挖掘的移动性模式网络构建方法

3.2.1 频繁子图挖掘

频繁子图挖掘是图挖掘领域的一个重要研究方向[97]。本节首先介绍频繁子图挖掘的基本定义及挖掘方法。

1. 基本定义

定义 3.6 标记图：定义为 $G = \{V(G), E(G), L(V(G)), L(E(G)), L\}$，其中，$V(G)$ 是图 G 中所有节点的集合，$E(G) = \{e_k = (v_i, v_j) \mid v_i, v_j \in V(G)\}$ 是图 G 中所有边的集合，$L(V(G)) = \{L(v_i) \mid \forall v_i \in V(G)\}$ 是边的标号集合，$L(E(G)) = \{L(e_k) \mid \forall e_k \in E(G)\}$ 是边的标号集合，L 是标号函数。

定义 3.7 子图同构与图同构：对于图 G'、G''，若有 $V(G'') \subseteq V(G')$ 且 $E(G'') \subseteq E(G')$，则称 G'' 是 G' 的子图；如果 G'' 是 G' 的同构，则称 G' 和 G'' 子图同构。

定义 3.8 支持度：给定图数据库 $\mathrm{GI} = \{G_1, G_2, \cdots, G_n\}$，若子图 g 与 G_i 子图同构，则有 $f(g, G_i) = 1$，否则 $f(g, G_i) = 0$；记 g 的支持度为 $\delta(g, \mathrm{GI}) = \sum_{G_i \in \mathrm{GI}} f(g, G_i)$。

定义 3.9 频繁子图挖掘：给定图数据库 $\mathrm{GI} = \{G_1, G_2, \cdots, G_n\}$，设置最小支持度阈值为 minsup。如果 $\delta(g, \mathrm{GI}) \geqslant \mathrm{minsup}$，则称 g 是一个频繁子图。

2. 挖掘方法

从图数据库中找到全部频繁子图的过程，称为频繁子图挖掘。目前，主要有两种实现方式：基于 Apriori 算法和模式增长法。

1）基于 Apriori 算法

AGM 算法是最早提出的基于 Apriori 的频繁子图挖掘算法[98]。Apriori 算法的主要思想：从 k 频繁项集生成 $k+1$ 项集，通过向下闭合性质（若 $k+1$ 项集的 k 项子集有一个是非频繁的，则 $k+1$ 项集一定是非频繁的）完成剪枝，生成 $k+1$ 候选集。产生候选子图有顶点增长和边增长两种方式。

（1）顶点增长产生候选子图。

依次增加新顶点到已有的频繁子图中，以生成新的候选子图。顶点增长过程可以用对应图的邻接矩阵的合并运算来实现，如图 3.3 所示。

其中，G_1 和 G_2 为两个频繁子图，对应的邻接矩阵分别为 M_{G_1} 和 M_{G_2}。G_1、G_2 合并的过程：将矩阵 M_{G_2} 的末行和末列添加到矩阵 M_{G_1} 中构成新的矩阵 M_{G_3}。新

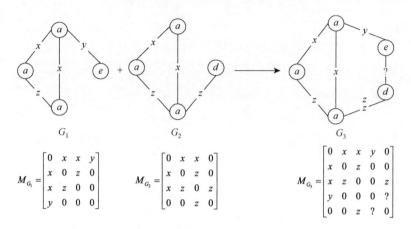

图 3.3　顶点增长产生候选子图

矩阵 M_{G_3} 中新增项的值是 0，或者是新创建的边标号。G_1 和 G_2 都有 4 个顶点和 4 条边，两图合并得到的 G_3 有 5 个顶点。顶点 d 与 e 是否相连决定了 G_3 的边数数量。若顶点 d 和 e 不相连，则 G_3 有 5 条边，设置 M_{G_3} 中对应的矩阵项为 0；否则，G_3 有 6 条边，设置 M_{G_3} 中的矩阵项为新创建的边标号。

（2）边增长产生候选子图。

边增长通过引进一条新边到已有的频繁子图中来产生候选子图。和顶点增长方式不同，边增长产生新图的顶点个数未必增多。边增长方式产生候选子图的具体过程如图 3.4 所示。

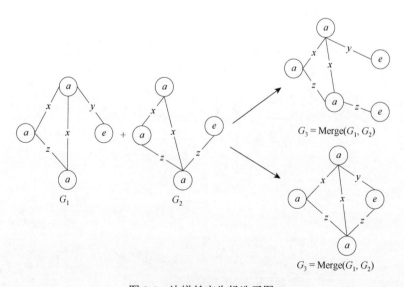

图 3.4　边增长产生候选子图

其中，将两个频繁子图 G_1 和 G_2 进行合并，由于 G_1、G_2 中均删除一条边（G_1 删除的边是 $a \xrightarrow{y} e$，G_2 删除的边是 $a \xrightarrow{z} e$），对应的两个子图同构，则 G_1 添加 G_2 那条额外的边为合并结果（依据新增的边的末端点是否与图中已有定点连接，对应生成图 3.4 中的两种结果）。

（3）候选剪枝。

候选剪枝的主要步骤：先依次从 k 子图中去除一条边，然后查看对应的 $k-1$ 子图是不是连通、频繁。如果不是，则丢弃该候选 k 子图。

判断 $k-1$ 子图是不是频繁，需要将其和其他 $k-1$ 子图进行匹配，确定是否同构。图连通的条件是其中任意两个顶点间都有一条路径。

AGM 算法的缺点是执行效率不高，主要原因是：

①图的顶点较多时，AGM 算法生成图编号会耗费大量时间。

②k 较大时，候选子图产生过程中，检查是否具有相同的 $k-1$ 子图会耗时较长。

③采用顶点增长方式产生候选子图，会产生大量冗余的 $k+1$ 子图。在剪枝时，又要花费大量时间检查每个 $k+1$ 候选子图的全部 k 子图是否频繁。

④剪枝结束后，如果候选子图数量还是较多，就需要多次扫描数据库计算候选子图的支持度。

2）模式增长法

模式增长法的思想从 FP-growth 算法中引出：通过频繁项增长生成候选集。具体来说：在 k 频繁项中加入一个频繁项生成 $k+1$ 候选集。模式增长方法不同于 Apriori 算法的搜索方式，采用深度优先搜索（DFS），速度更快、占用内存更少。

传统模式增长法的缺点：扩展图时效率较低，且相同的子图会被多次发现。为此，Yan 和 Han 提出了 gSpan 算法[99]。本节主要采用 gSpan 算法从移动轨迹数据中挖掘频繁模式子图。首先介绍 gSpan 算法涉及的基本概念：DFS 树、最右路径扩展、DFS 编码、线性顺序、DFS 字典序和最小 DFS 编码等。

定义 3.10　DFS 树：当对图进行深度优先遍历时，会产生多个 DFS 树。如图 3.5 中图（b）、（c）、（d）为分别以图 3.5（a）中的 3 个不同节点为根节点，通过深度优先遍历得到的 3 个 DFS 树。

给定一个 DFS 树 T，对各节点进行编号，若 v_0 为根节点，v_n 为最右节点，称从 v_0 到 v_n 的序列为最右路径。如图 3.5（b）的最右路径为（$v_0 v_1 v_3$）。

定义 3.11　最右路径扩展：给定图 G 和其 DFS 树 T，有两种方法对 T 进行最右路径扩展。①引进一条新边 e 连接最右节点或最右路径上的一个节点，称为后向扩展，如图 3.6（b）、（c）就是对图 3.6（a）进行后向扩展所得；②先创建一个新节点，然后与最右节点或最右路径上的节点进行连接，称为前向扩展，如图 3.6（d）、（e）、（f）就是对图 3.6（a）进行前向扩展所得。

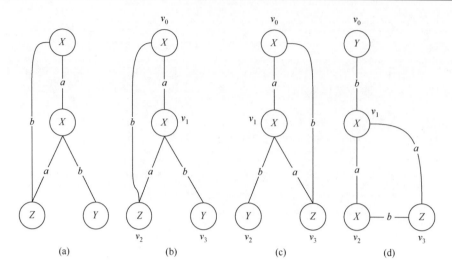

图 3.5　一个图和它对应的 3 个 DFS 树

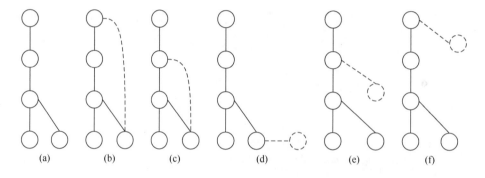

图 3.6　最右路径扩展

定义 3.12　DFS 编码：给定图 G，将其所有边都使用两个节点标识、两个节点标号、一个边标号进行扩展。例如，边 $e = (v_i, v_j)$ 扩展为 $e = (v_i, l_i, v_j, l_j, l_{ij})$。遍历 G 中所有边，得到对应扩展边的序列，记该序列为图 G 的 DFS 编码。

例如，图 3.7 中的各边按遍历顺序扩展后的序列集合，即 DFS 编码：$(v_0, A, v_1, B, a), (v_1, B, v_2, A, b), (v_2, A, v_0, A, a), (v_2, A, v_3, C, c), (v_1, B, v_4, C, d)$。

定义 3.13　线性顺序：节点标识间存在一种线性顺序，在遍历图时如果先遍历节点 v_i 再遍历节点 v_j，则节点 v_i、v_j 之间的线性顺序为 $v_i \prec v_j$。

定义 3.14　DFS 字典序：根据字典序 $a \prec b \prec c \prec \cdots \prec z$ 和 $A \prec B \prec C \prec \cdots \prec Z$ 定义边顺序，也称 DFS 字典序。对于任意两条边 $e_1 = (c_1, c_2, \cdots, c_n)$ 和 $e_2 = (d_1, d_2, \cdots, d_n)$，存在：

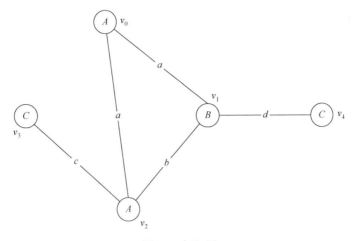

图 3.7 标记图

（1）$e_1 = e_2$，当且仅当 $c_i = d_i$，$i = 1, 2, \cdots, n$；

（2）$e_1 \prec e_2$，当 $c_i = d_i$，$i = 1, 2, \cdots, n{-}1$ 且 $c_n \prec d_n$；

（3）$e_1 \succ e_2$，其他。

定义 3.15 最小 DFS 编码：在 DFS 遍历原则下，对同一标记图的遍历顺序不同，产生的 DFS 编码也不同，字典序最小的编码为最小 DFS 编码。图 3.7 中的标记图对应的 DFS 编码如表 3.7 所示。

表 3.7 图 3.7 中的标记图对应的 DFS 编码

图边	1	2	3	4	5
1	(v_0, A, v_1, B, a)	(v_1, B, v_2, A, b)	(v_2, A, v_3, C, c)	(v_2, A, v_0, A, a)	(v_1, B, v_4, C, d)
2	(v_0, A, v_1, B, a)	(v_1, B, v_4, C, d)	(v_1, B, v_2, A, b)	(v_2, A, v_3, C, c)	(v_2, A, v_0, A, a)
3	(v_0, A, v_1, B, a)	(v_1, B, v_2, A, b)	(v_2, A, v_0, A, a)	(v_2, A, v_3, C, c)	(v_1, B, v_4, C, d)
4	(v_0, A, v_1, B, a)	(v_1, B, v_4, C, d)	(v_1, B, v_2, A, b)	(v_2, A, v_0, A, a)	(v_2, A, v_3, C, c)
5	(v_0, A, v_2, A, a)	(v_2, A, v_1, B, b)	(v_1, B, v_0, A, a)	(v_1, B, v_4, C, d)	(v_2, A, v_3, C, c)
6	(v_0, A, v_2, A, a)	(v_2, A, v_3, C, c)	(v_2, A, v_1, B, b)	(v_1, B, v_0, A, a)	(v_1, B, v_4, C, d)
7	(v_0, A, v_2, A, a)	(v_2, A, v_3, C, c)	(v_2, A, v_1, B, b)	(v_1, B, v_4, C, d)	(v_1, B, v_0, A, a)
8	(v_0, A, v_2, A, a)	(v_2, A, v_1, B, b)	(v_1, B, v_4, C, d)	(v_1, B, v_0, A, a)	(v_2, A, v_3, C, c)

根据 DFS 字典序定义可知：表 3.7 中的图边 5 为最小 DFS 编码。

对于任一标记图，其最小 DFS 编码都唯一。因此，最小 DFS 编码作为图的标识编码。采用 gSpan 算法进行频繁子图挖掘时，只要对最小 DFS 编码的图进行最右路径扩展就可以找到所有的频繁子图。

采用深度优先的搜索方法遍历标记图，会产生一个树状的搜索空间。如图 3.8 所示，其中，树的根节点为空，非根节点分别代表不同的频繁子图。

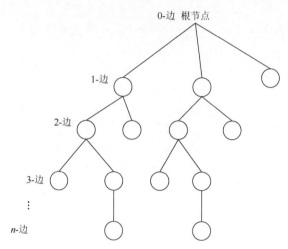

图 3.8　树状搜索空间

gSpan 算法执行的主要步骤如下：

（1）遍历所有图，计算出所有边的支持度，去掉不频繁的边。

（2）初始化每条频繁边，基于各频繁边进行频繁子图挖掘。

①产生候选子图。对 k 频繁子图中最小 DFS 编码生成的 DFS 树进行最右路径扩展，逐次加入一条边，产生 $k+1$ 候选子图。

②剪枝。若 $k+1$ 候选子图不是最小 DFS 编码，则将其从候选子图中删除，删除过程见图 3.9。

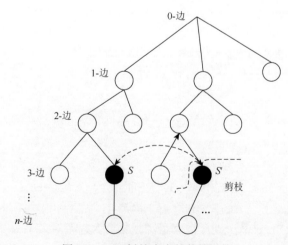

图 3.9　DFS 树搜索中的剪枝运算

3.2.2　基于频繁子图的移动性模式网络构建

先基于 gSpan 算法进行频繁子图挖掘，然后使用 GraphX 图计算框架将频繁子图进行连接，构建移动性模式网络。下面结合一个实例给出具体的实现过程。

1. 移动轨迹数据转换成移动轨迹网络

由于移动对象的运动具有周期性，可将移动轨迹数据转换为一个有向标记图（又称移动轨迹网络）[100]。

例如，表 3.8 是用户的一条移动轨迹数据，其对应的移动轨迹网络如图 3.10 所示。将图 3.9 中的移动轨迹网络，转化成一个标记图，如表 3.9 所示。

表 3.8　用户的一条移动轨迹数据

编号	网格序列											
480	53923	54223	55623	57823	54023	53522	53923	54323	55221	55021	57420	60222	61022
	57822	57823	58825	59425	61423	61623	60821	61121	61922				

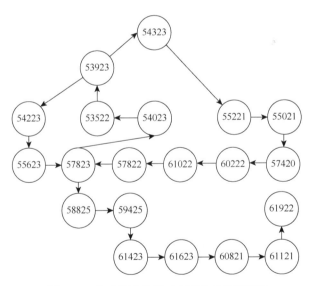

图 3.10　移动轨迹数据对应的移动轨迹网络

表 3.9　移动轨迹网络对应的标记图

节点编号	节点标识	节点标号	边编号	源节点标识	目标节点标识	标边号
1	53923	53923	1	53923	54223	1
2	54223	54223	2	54223	55623	1

续表

节点编号	节点标识	节点标号	边编号	源节点标识	目标节点标识	标边号
3	55623	55623	3	55623	57823	1
4	57823	57823	4	57823	54023	1
5	54023	54023	5	54023	53522	1
6	53522	53522	6	53522	53923	1
7	53923	53923	7	53923	54323	1
8	54323	54323	8	54323	55221	1
9	55221	55221	9	55221	55021	1
10	55021	55021	10	55021	57420	1
11	57420	57420	11	57420	60222	1
12	60222	60222	12	60222	61022	1
13	61022	61022	13	61022	57822	1
14	57822	57822	14	57822	57823	1
15	57823	57823	15	57823	58825	1
16	58825	58825	16	58825	59425	1
17	59425	59425	17	59425	61423	1
18	61423	61423	18	61423	61623	1
19	61623	61623	19	61623	60821	1
20	60821	60821	20	60821	61121	1
21	61121	61121	21	61121	61922	1
22	61922	61922				

2. 采用 gSpan 算法从标记图数据库中挖掘出频繁子图

将所有移动轨迹数据转换成标记图后,生成一个标记图数据库,如表 3.10 所示。

表 3.10　原始图集合

t#0			t#1			t#2			t#3		
v	0	2	v	0	2	v	0	6	v	0	6
v	1	2	v	1	2	v	1	6	v	1	6
v	2	2	v	2	6	v	2	6	v	2	2
v	3	3	v	4	3	e	0	1	1	v	3	2
v	4	2	e	0	1	1	e	0	2	1	v	4	2
v	5	4	e	0	2	1				v	5	2
e	0	1	1	e	2	4	1				e	0	1	1
e	0	2	1							e	0	2	1

续表

	t#0			*t*#1	*t*#2		*t*#3	
e	2	3	1			e	1	3	1
e	2	4	1			e	2	4	1
e	3	5	1			e	2	5	1

设定支持度阈值后，使用 gSpan 算法挖掘标记图数据库，可得到所有的频繁子图。

（1）设定最小支持度阈值为 0.3，计算表 3.10 中各边的支持度，结果如表 3.11 所示。

表 3.11　各边的支持度

边	支持度
(2, 0, 2, 1, 1)	1/2
(6, 0, 6, 1, 1)	1/2
(2, 0, 2, 2, 1)	1/4
(2, 0, 6, 2, 1)	1/4
(6, 0, 6, 2, 1)	1/4
(6, 0, 2, 2, 1)	1/4
(6, 1, 2, 3, 1)	1/4
(2, 2, 3, 3, 1)	1/4
(2, 2, 2, 4, 1)	1/2
(6, 2, 3, 4, 1)	1/4
(2, 2, 2, 5, 1)	1/4
(3, 3, 4, 5, 1)	1/4

（2）删除表 3.11 中支持度小于 0.3 的边，得到的频繁边如表 3.12 所示。

表 3.12　频繁边

序号	频繁边	支持度
1	(2, 0, 2, 1, 1)	1/2
2	(6, 0, 6, 1, 1)	1/2
3	(2, 2, 2, 4, 1)	1/2

（3）采用顶点增长的方式，基于表 3.12 中的第 1 条和第 2 条频繁边生成的候选子图如表 3.13 所示。

表 3.13　由第 1 条和第 2 条频繁边生成的候选子图

候选子图	边
1	(2, 0, 6, 0, 1)
	(2, 0, 2, 1, 1)
2	(2, 0, 6, 0, 1)
	(6, 0, 6, 1, 1)
3	(2, 0, 2, 1, 1)
	(2, 0, 6, 1, 1)
4	(2, 0, 6, 1, 1)
	(6, 0, 6, 1, 1)
5	(2, 0, 2, 1, 1)
	(6, 0, 2, 1, 1)
6	(6, 0, 2, 1, 1)
	(6, 0, 6, 1, 1)
7	(2, 0, 2, 1, 1)
	(2, 1, 6, 1, 1)
8	(6, 0, 6, 1, 1)
	(2, 1, 6, 1, 1)

（4）采用顶点增长的方式，基于表 3.12 中的第 1 条和第 3 条频繁边生成的候选子图如表 3.14 所示。

表 3.14　由第 1 条和第 3 条频繁边生成的候选子图

候选子图	边
1	(2, 0, 2, 1, 1)
	(2, 0, 2, 2, 1)
2	(2, 0, 2, 2, 1)
	(2, 2, 2, 4, 1)
3	(2, 0, 2, 4, 1)
	(2, 2, 2, 4, 1)
4	(2, 0, 2, 1, 1)
	(2, 0, 2, 4, 1)
5	(2, 0, 2, 1, 1)
	(2, 1, 2, 4, 1)
6	(2, 1, 2, 4, 1)
	(2, 2, 2, 4, 1)

续表

候选子图	边
7	(2, 0, 2, 1, 1)
	(2, 1, 2, 2, 1)
8	(2, 1, 2, 2, 1)
	(2, 2, 2, 4, 1)

（5）采用顶点增长的方式，基于表 3.12 中的第 2 条和第 3 条频繁边生成的候选子图如表 3.15 所示。

表 3.15　由第 2 条和第 3 条频繁边生成的候选子图

候选子图	边
1	(6, 0, 6, 1, 1)
	(6, 0, 2, 2, 1)
2	(6, 0, 2, 2, 1)
	(2, 2, 2, 4, 1)
3	(6, 0, 6, 1, 1)
	(6, 0, 2, 4, 1)
4	(6, 0, 2, 4, 1)
	(2, 2, 2, 4, 1)
5	(6, 0, 6, 1, 1)
	(6, 1, 2, 4, 1)
6	(6, 1, 2, 4, 1)
	(2, 2, 2, 4, 1)
7	(6, 0, 6, 1, 1)
	(6, 1, 2, 2, 1)
8	(6, 1, 2, 2, 1)
	(2, 2, 2, 4, 1)

（6）基于 DFS 字典序，排序表 3.13～表 3.15 中各候选子图的 DFS 编码，得到排序：$D3 < D7 < D5 < D1 < D2 < D4 < D6 < D8$、$D1 < D4 < D7 < D5 < D2 < D3 < D8 < D6$、$D2 < D4 < D1 < D3 < D7 < D5 < D8 < D6$。

（7）删除表 3.13～表 3.15 中不是最小 DFS 编码的候选子图，得到剪枝后的候选子图，分别如表 3.16～表 3.18 所示。

表 3.16　对表 3.13 中的候选子图剪枝后的结果

候选子图	边
3	(2, 0, 2, 1, 1)
	(2, 0, 6, 1, 1)

表 3.17　对表 3.14 中的候选子图剪枝后的结果

候选子图	边
1	(2, 0, 2, 1, 1)
	(2, 0, 2, 2, 1)

表 3.18　对表 3.15 中的候选子图剪枝后的结果

候选子图	边
2	(6, 0, 2, 2, 1)
	(2, 2, 2, 4, 1)

（8）计算表 3.16～表 3.18 中各候选子图的支持度，结果如表 3.19 所示。

表 3.19　候选子图支持度

候选子图	边	支持度
3	(2, 0, 2, 1, 1)	1/3
	(2, 0, 6, 1, 1)	
1	(2, 0, 2, 1, 1)	1/3
	(2, 0, 2, 2, 1)	
2	(6, 0, 2, 2, 1)	1/3
	(2, 2, 2, 4, 1)	

（9）删除表 3.19 中支持度小于 0.3 的候选子图，得到边长度为 2 的频繁子图，结果如表 3.20 所示。

表 3.20　频繁子图（边长度为 2）

候选子图	边	支持度
3	(2, 0, 2, 1, 1)	1/3
	(2, 0, 6, 1, 1)	
1	(2, 0, 2, 1, 1)	1/3
	(2, 0, 2, 2, 1)	
2	(6, 0, 2, 2, 1)	1/3
	(2, 2, 2, 4, 1)	

（10）表 3.21 是合并表 3.20 中的候选子图 3 和候选子图 1，采用顶点增长方式产生的边长度为 3 的候选子图，基于 DFS 字典序，得出表 3.21 中各候选子图的 DFS 编码排序为：$D2 < D3 < D1$。

表 3.21　候选子图（边长度为 3）

候选子图	边
1	(2, 0, 2, 1, 1)
	(2, 0, 6, 1, 1)
	(6, 1, 2, 2, 1)
2	(2, 0, 2, 1, 1)
	(2, 0, 2, 2, 1)
	(2, 0, 6, 1, 1)
3	(2, 0, 2, 1, 1)
	(2, 0, 6, 1, 1)
	(2, 1, 2, 2, 1)

（11）删除表 3.21 中不是最小 DFS 编码的候选子图，得到剪枝后的候选子图如表 3.22 所示。

表 3.22　表 3.21 中剪枝后的候选子图

候选子图	边
1	(2, 0, 2, 1, 1)
	(2, 0, 6, 1, 1)
	(6, 1, 2, 2, 1)

（12）同理，对表 3.21 中的候选子图 3、2，以及图 1、2 执行步骤（10）和（11）的操作。最终，挖掘得到所有的频繁子图，如表 3.23 所示。

表 3.23　挖掘出的所有频繁子图

t#0	t#1	t#2	t#3	t#4	t#5	t#6	t#7
v 0 2	v 0 6	v 0 2	v 0 6	v 0 2	v 2 2	v 0 2	v 0 2
v 1 2	v 1 6	v 1 2	v 2 2	v 1 2	v 4 2	v 1 2	v 1 2
e 0 1 1	e 0 1 1	v 2 2	v 4 2	v 2 2	e 2 4 1	v 2 6	v 2 2
		e 0 1 1	e 0 2 1	v 3 2		v 3 3	v 3 3
		e 0 2 1	e 2 4 1	e 0 1 1		e 0 1 1	v 4 3

续表

t#0	t#1	t#2	t#3	t#4	t#5	t#6	t#7
				e 1 2 1		e 1 2 1	e 0 1 1
				e 2 3 1		e 2 3 1	e 1 2 1
							e 2 3 1
							e 2 4 1

3. 基于频繁子图连接的复杂网络构建

过滤掉表 3.23 中的重复边，结果如表 3.24 所示。采用基于图挖掘方法构建移动性模式网络，结果如图 3.11 所示。

表 3.24　频繁子图中边的提取

起点标识	终点标识
0	1
0	2
1	2
1	3
2	3
2	4

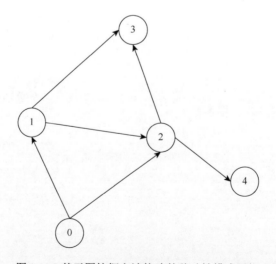

图 3.11　基于图挖掘方法构建的移动性模式网络

3.3　实验结果与分析

3.3.1　实验环境[①]

实验平台的相关配置信息如表 3.25 所示，其中包括 3 个分布式节点，一个主节点，两个副节点。所有节点的操作系统版本都是 CentOS release 6.7，使用 Hadoop 2.7.1 和 Spark 2.2.0 构建分布式集群系统。

表 3.25　实验平台相关配置信息

内容	参数配置
操作系统版本	CentOS release 6.7
Hadoop 版本	Hadoop 2.7.1
Spark 版本	Spark 2.2.0
Master	8 核，1.7GHz，内存 72GB，硬盘 1TB
Worker1	8 核，1.7GHz，内存 72GB，硬盘 1TB
Worker2	6 核，1.9GHz，内存 72GB，硬盘 2TB

3.3.2　实验数据

首先，生成 10 个批次的移动轨迹数据，各批次包含用户轨迹数量的信息如表 3.26 所示。然后，从表 3.26 中的各批次移动轨迹数据，挖掘得到的序列模式的数量如表 3.27 所示。最后，从表 3.26 中的各批次移动轨迹数据中，挖掘得到频繁子图的数量如表 3.28 所示。

表 3.26　各批次数据用户轨迹数量

批次	用户轨迹数量
1	995
2	993
3	997
4	995
5	995

---

① 在后续的实验中，都采用与此相同的实验环境。

续表

批次	用户轨迹数量
6	994
7	997
8	992
9	997
10	994

表 3.27　各批次数据挖掘得到的序列模式数量

批次	序列模式数量
1	189
2	190
3	224
4	201
5	261
6	223
7	227
8	204
9	174
10	170

表 3.28　各批次数据挖掘得到的频繁子图数量

批次	频繁子图数量
1	19823
2	19441
3	19117
4	19009
5	19186
6	19267
7	19368
8	19217
9	19546
10	19558

3.3.3　结果分析

1. 基于序列模式挖掘的移动性模式网络

采用 Spark GraphX 图计算框架,将表 3.27 中的具有相同前后项的序列模式进行连接,构建 10 个移动性模式网络,如图 3.12 所示。

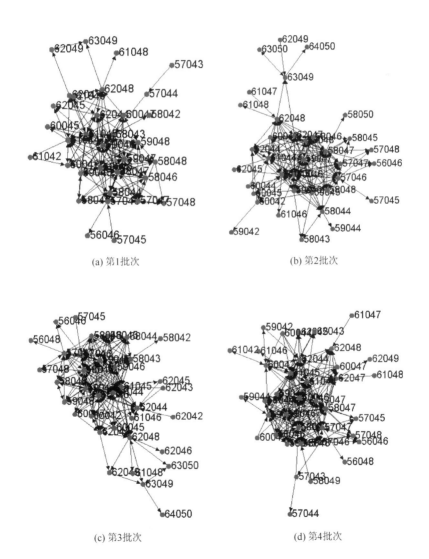

(a) 第1批次　　　　　　　　　　　　(b) 第2批次

(c) 第3批次　　　　　　　　　　　　(d) 第4批次

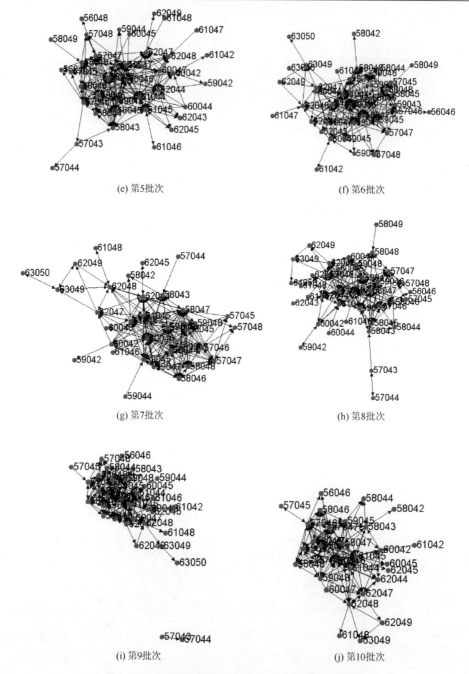

图 3.12　基于序列模式挖掘的 10 个移动性模式网络

　　图 3.12 中 10 个移动性模式网络的特征值（包括：平均聚集系数、平均节点度、平均节点出度、平均节点入度、源节点数量、目标节点数量）如表 3.29 所示。

表 3.29　图 3.12 中 10 个移动性模式网络的特征值

批次	平均聚集系数	平均节点度	平均节点出度	平均节点入度	源节点数量	目标节点数量
1	0.3292	11.4546	5.7273	5.7273	2	5
2	0.3183	11.6111	5.8055	5.8055	2	8
3	0.3959	12.4444	6.2222	6.2222	3	5
4	0.3098	10.5789	5.2895	5.2895	4	7
5	0.4214	13.7368	6.8684	6.8684	5	3
6	0.3649	11.1500	5.5750	5.5750	6	6
7	0.4984	13.7576	6.8788	6.8788	3	2
8	0.3236	11.0270	5.5135	5.5135	5	3
9	0.3259	10.2352	5.1176	5.1176	5	6
10	0.3420	10.6250	5.3125	5.3125	3	5

2. 基于图挖掘的移动性模式网络

采用 Spark GraphX 图计算框架，将表 3.28 中的频繁子图进行连接，构建 10 个移动性模式网络，如图 3.13 所示。

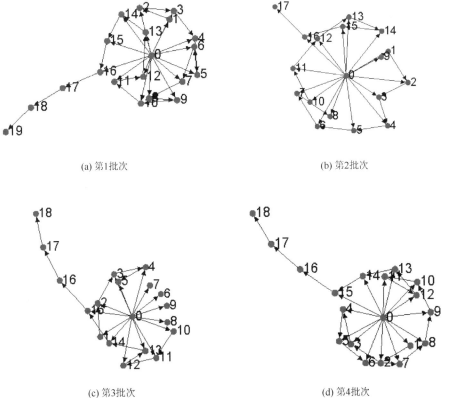

(a) 第1批次　　　　　　　　　　　　　　　　(b) 第2批次

(c) 第3批次　　　　　　　　　　　　　　　　(d) 第4批次

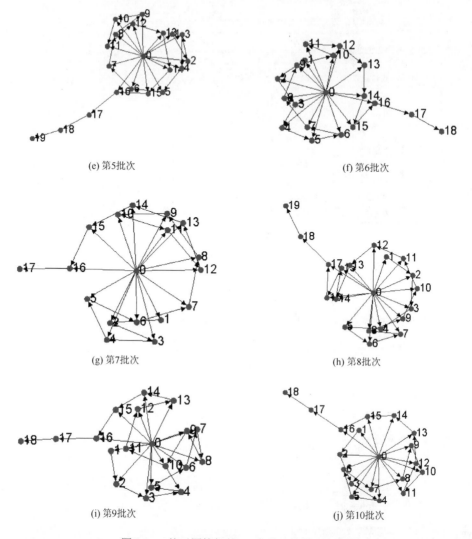

图 3.13　基于图挖掘的 10 个移动性模式网络

图 3.13 中 10 个移动性模式网络的特征值（平均聚集系数、平均节点度、平均节点出度、平均节点入度、源节点数量、目标节点数量）如表 3.30 所示。

表 3.30　图 3.13 中 10 个移动性模式网络的特征值

批次	平均聚集系数	平均节点度	平均节点出度	平均节点入度	源节点数量	目标节点数量
1	0.0031	3.4000	1.7000	1.7000	1	1
2	0.0030	3.3332	1.6666	1.6666	1	3

续表

批次	平均聚集系数	平均节点度	平均节点出度	平均节点入度	源节点数量	目标节点数量
3	0.0023	2.8420	1.4210	1.4210	1	4
4	0.0035	3.3684	1.6842	1.6842	1	1
5	0.0030	3.3000	1.6500	1.6500	1	1
6	0.0032	3.4736	1.7368	1.7368	1	1
7	0.0035	3.5556	1.7778	1.7778	1	1
8	0.0029	3.5000	1.7500	1.7500	1	1
9	0.0033	3.4736	1.7368	1.7368	1	1
10	0.0031	3.4732	1.7366	1.7366	1	1

3. 结果对比分析

分别对比两种方法构建的移动性模式网络的平均聚集系数、平均节点度、平均节点出度、平均节点入度、源节点数量、目标节点数量这些特征参数，结果如图 3.14～图 3.19 所示。

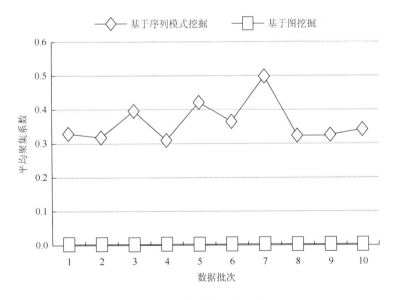

图 3.14　平均聚集系数对比

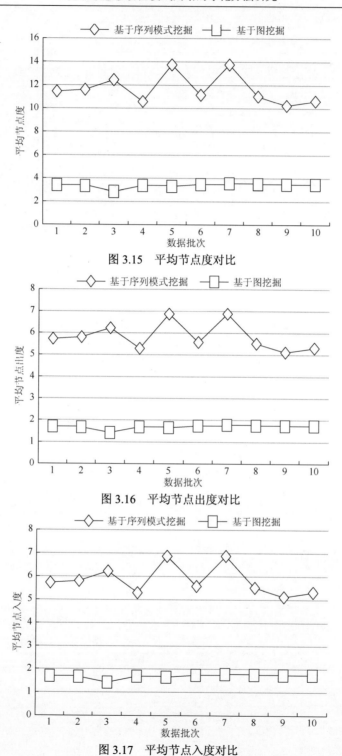

图 3.15　平均节点度对比

图 3.16　平均节点出度对比

图 3.17　平均节点入度对比

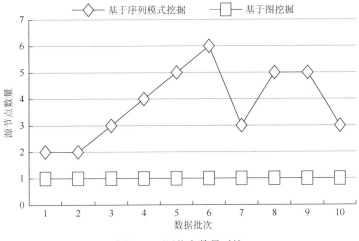

图 3.18　源节点数量对比

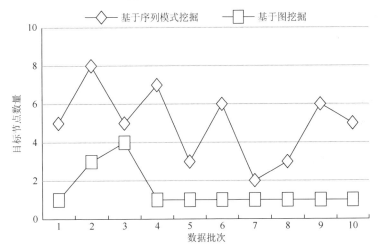

图 3.19　目标节点数量对比

从图 3.14～图 3.19 可以看出，对于 10 个批次的用户移动轨迹数据，基于序列模式挖掘方法构建的移动性模式网络的平均聚集系数、平均节点度、平均节点出度、平均节点入度、源节点数量、目标节点数量这些特征参数的值均高于基于图挖掘方法的结果。因此，可以得出结论：基于序列模式挖掘方法构建的移动性模式网络的节点聚集程度较高、网络的连通性较强，更易找出网络中被多次访问的重要节点。同时，基于序列模式挖掘方法构建的移动性模式网络的源节点数和目标节点数较多，能更清晰地刻画网络内部结构的复杂程度。

综合分析可知：相较于基于图挖掘方法，基于序列模式挖掘方法构建的移动性模式网络更具可用性和高效性。本书后续章节内容涉及的移动性模式网络均采用该方法进行构建。

　　但是，技术具有中立性，构建移动性模式网络也会产生潜在的威胁。例如，当移动性模式网络节点对应的空间区域涉及隐私敏感区域时，移动性模式网络就会具备相应的隐私敏感属性。分析这些具有隐私敏感属性的移动性模式网络，攻击者能够推断用户的个人隐私信息。因此，在保证网络可用性的同时，研究应对隐私攻击的防护方法，成为一项具有挑战性的课题。设计防护方法，最为关键的一点是找出网络中所有具有隐私敏感属性的节点，即需要对网络中所有节点对应空间区域的隐私敏感属性进行标注。在接下来的章节，将重点介绍一种基于时空及网络特征的隐私敏感空间区域分类方法。

第4章 基于时空及网络特征的隐私敏感空间区域分类方法

针对传统的基于空间数据属性叠加和基于遥感影像特征分类法的缺点，本章介绍了一种通过统计、分析空间区域中移动轨迹数据的时空和网络特征，对空间区域的隐私敏感属性进行监督分类的方法。首先，分析传统的空间区域分类方法的特点以及存在的问题。其次，介绍空间区域中移动轨迹数据的时空及网络特征。再次，给出基于时空及网络特征的隐私敏感空间区域的分类模型，并在 Spark 大数据平台上进行算法实现。最后，实验分析算法的性能。

4.1 传统的空间区域分类方法

目前，现有的空间区域分类方法主要集中在 3 个方面：①地理信息系统领域采用的基于空间数据属性叠加的地物分类方法。②遥感领域采用的基于遥感影像的特征提取和空间区域识别的分类方法。③新兴的基于移动轨迹数据时空特征的分类方法。

4.1.1 基于空间数据属性叠加的地物分类方法

基于空间数据属性叠加的地物分类是地理信息系统中常用的空间区域分类方法[101]。其根据空间数据的表现形式，又分为栅格叠加和矢量叠加。两种方法互为补充：栅格叠加计算内容简单、速度快，但精度较差；而矢量叠加正好相反，精度高，但计算量大、速度慢[102]。相交线段法[103]、弧线拓扑关系法[104, 105]、多边形裁剪法[106]等是传统的矢量叠加方法。近年来，国内外学者提出了系列改进方法。典型的方法包括：董鹏等[107]基于传统的四叉树索引空间划分，提出的一种改进的四叉树矢量地图叠加方法；朱效民等[108]提出的基于整体矢量与多边形包含分析的方法；王少华等[109]提出的基于非均匀多级网格索引的方法；赵斯思和周成虎[110]提出的一种基于多边形剪裁优化算法的方法；靳凤营等[111]提出的基于 Spark 大数据平台的矢量数据高效滤波和叠加的方法。

基于空间数据属性叠加的地物分类属性的基本思路：将具有特定属性的兴趣点、兴趣面与指定的空间区域进行拓扑关系运算，基于运算的结果确定空间区域的属性。这种方式的缺点：具有特定敏感属性的兴趣点、兴趣面一般都为涉密数据，通常很难获取。

4.1.2　基于遥感影像的特征提取和空间区域识别的分类方法

基于遥感影像的特征提取和空间区域识别方法，具有不受地域限制、测量范围广泛等优点。在气象预报、城市调查、地形分析、军事检测等诸多领域有着广泛的应用。遥感影像特征提取和空间区域识别存在多样性问题，主要表现在以下几个方面。

1. 目标地物的多样性

遥感影像包含多种目标地物，每种目标地物自身都有着极其复杂的结构，并且与周围的其他地物类型相互关联、相互渗透、相互影响，给影像的特征提取带来极大的困难。

2. 图像获取媒介的多样性

航空航天技术的不断发展增加了获取遥感影像的方法，如航空摄影、空中扫描、微波雷达成像等。遥感影像类型的不一致性，增加了遥感影像信息提取的复杂性。

3. 特征数据的多样性

从遥感影像中提取的特征数据多种多样，如物体轮廓、纹路特征、光谱信息、灰度矩阵、滤波特征、分形维数等，这些大大增加了对目标区域识别的复杂度。

依据多样性的问题，形成了系列的方法，主要包括光谱特征提取、纹理特征提取和空间特征提取。光谱特征提取主要获取区域的颜色、亮度，形成区域特有的光谱曲线。常用的方法有基于遗传算法的提取方法和 K-L 变换法等。纹理特征提取反映区域的灰度值及区域间的空间相互关系，常用的方法有小波变换法、灰度矩阵法、自相关函数法等。空间特征提取可以克服传统特征提取中受空间分辨率影响的缺点，主要方法有点特征提取、线特征提取、多边形特征提取和空间拓扑特征提取等[112]。

基于遥感影像特征识别的判断方法存在的主要问题是：适合于大空间范围的地物识别，对于小范围的地物很难获取较高的识别精度。

4.1.3　基于移动轨迹数据时空特征的分类方法

位置服务（LBS）的快速发展，促使大量的移动轨迹数据产生。出现了通过分析空间区域中移动轨迹数据行为特征，对空间区域地物属性进行分类的方法。

目前，主流的方法包括：Castelli 等[113]提出的从移动性数据中挖掘用户语义，并根据用户语义提取出与用户相关重要地物的方法。Andrienko 等[114]于2011 年提出从用户轨迹中提取事件信息，并通过对重复的时间信息加以聚类，得到用户隐私敏感位置信息的方法。2013 年 Andrienko 等[115]对此方法进行改进，增加对事件发生频繁性的考虑，提出了对用户隐私敏感位置的重要度加以排序的方法。2015 年他们又提出从互联网发布的定位数据中识别用户社交活动场所的方法[116]。Renso 等[95]于 2013 年提出了基于用户轨迹聚类的可视化地物分类方法。Witayangkurn 等[13]提出了一种基于 Hadoop 云计算平台，通过对手机 GPS 轨迹数据进行挖掘分析识别重要地物的方法。Shad[117]提出了一种利用移动用户移动轨迹连续性检测用户停留点的方法。徐金垒等[118]提出了基于海量手机位置数据对用户停留模式的提取方法，并结合城市土地利用空间分布与分异特征，剖析了不同停留模式的空间分异特征和城市不同区域停留次数的时段分异特征。文献[119]设计了一种语义轨迹数据挖掘的软件体系结构，并使用 Weka-STPM 模块扩展 Weka 数据挖掘工具包，开发了一个使用语义信息和数据挖掘来丰富轨迹数据的软件原型系统。文献[120]分析了对移动对象进行完整和智能语义管理的意义与挑战。文献[121]分析了目前语义轨迹建模的主要进展。

研究上述方法发现它们具有共性特点：只考虑特定空间区域内的移动轨迹数据的时空特征，并未分析用户在不同空间区域间运动形成轨迹数据的特征，因此通常存在分类精度不高的问题。为此，本章介绍一种同时考虑移动轨迹数据时空及网络特征的分类方法，并将其用于移动性模式网络中节点对应空间区域的隐私敏感属性判定，发现移动性模式网络所有具有隐私敏感属性的节点。

接下来，首先介绍移动轨迹数据的时空及网络特征的基本概念。

4.2　移动轨迹数据的时空及网络特征

移动轨迹数据的时空特征包括停留状态、运动状态、速率特性等，网络特征包括节点出度、节点入度、节点重要性等。

4.2.1　移动轨迹数据的时空特征

描述移动轨迹数据的时空特征涉及以下基本概念。

（1）端点。端点即移动轨迹的起点（O）与终点（D），一条连续的移动轨迹必然有一个 O 点和一个 D 点。一条连续的移动轨迹称为一次 OD 运动。

（2）停留点。在一定的时间阈值内，如果连续的两个轨迹点之间的距离为零或小于一定距离阈值，则定义前一个轨迹点为停留点，用 P 表示。

（3）运动方式。用户移动时所使用的交通方式称为运动方式，用 M 表示，如步行、单车、机动车等。不同的运动方式，产生的运动参数具有不同的阈值。此外，在实际应用中，产生一条移动轨迹的运动方式可能是多种类型的组合，例如，步行到公交车站—乘坐公交车—从公交车站步行到公司。

（4）运动链。多个连续的移动轨迹连接，可以得到一个运动链，用 L 表示。其中，一条移动轨迹的 O 点可能为上一条移动轨迹的 D 点。例如，下班对应移动轨迹的 O 点，就可能是上班对应移动轨迹的 D 点，两者同为公司的地点。上班和下班两个连续的移动轨迹构成了一条运动链。

描述移动轨迹数据的时空特征使用以下基本参数。

（1）运动时间 t。任意一条移动轨迹，都具有一个起始时间和一个终止时间。对于连续采样的移动轨迹，采样的时间是分析用户运动方式的重要指标。不同采样时间，用户的出行心理不同，因而采取的运动方式也有差异。例如，上班高峰且运动距离又比较远的时候，一般选择地铁而非步行，以减少运动时间。而周末短途旅游时，用户选择自驾的概率会更大。

（2）运动速率 v。不同的运动方式有不同的运动速率范围。步行的速率一般为 $1\sim2\mathrm{m/s}$，骑车的速率一般为 $4\sim6\mathrm{m/s}$，机动车的速率一般为 $8\sim35\mathrm{m/s}$。当然，不同运动方式之间的速率也可能存在交叉值。例如，当用户停止不前时，无论是步行还是机动车出行，运动速率都为 $0\mathrm{m/s}$。

（3）运动距离 s。不同的出行方式在运动距离上有不同的特征。用户出行前，一般都会对出行的距离做一个预判。当出行距离很短时运动方式一般为步行，而当出行距离过长时，一般都使用机动车出行。

基于运动时间 t、运动速率 v、运动距离 s 这 3 个参数，定义某一移动轨迹相对于特定空间区域 R 的 3 类时空特征：停留状态、运动状态、平均速率。此外，停留状态、运动状态的定义，除了需要使用运动时间 t、运动距离 s 两个参数，还要使用时间阈值 θ 和空间阈值 σ。

1. 停留状态

运动时间 t 超过一定的时间阈值 θ，用户的轨迹位置保持不变或仍在一定范围内，则定义用户的运动状态为停留状态。其中，如果用户的位置保持不变，即用户的运动距离 $s=0$，且两个轨迹点都落入空间区域 R 中，则称此类停留为静止停留；否则，用户位置发生偏移，但仍处于一定的空间范围之内，

即发生很小偏移 $s \leqslant \sigma$，且两个轨迹点都落在空间区域 R 中，则称此类停留为缓移停留。

如图 4.1 所示，其中共有 $a_0 \sim a_4$ 五个采样轨迹点，每个轨迹点之间的采样间隔为 3min。设置时间阈值 θ 为 1min，空间阈值 σ 为网格范围。由于图中采样点之间的时间差均超过 1min，a_1、a_2、a_3 都处于同一网格内，a_1、a_2 之间未发生位移，a_2、a_3 之间存在位移，因此 a_1 为静止停留点，a_2 为缓移停留点。

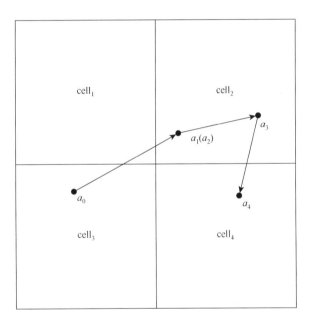

图 4.1　停留点

2. 运动状态

基于运动时间 t、运动距离 s 两个参数定义运动状态。在时间阈值 θ 之内，若用户的位置发生较大偏移，即 $s > \sigma$，则表示用户处于运动状态。其中，当某点落在空间区域 R 中，其下一个点不在空间区域 R 中时，称该点为直接穿越点；而当某点及其下一个点都落在空间区域 R 中，且时间上连续的第三个点处于空间区域 R 之外时，则称第一个点为间接穿越点。

如图 4.2 所示，其中共有 a_0、a_1 两个轨迹点，轨迹点之间的时间间隔为 3min。设置时间阈值 θ 为 5min，空间阈值 σ 为网格范围。由于 a_0 与 a_1 的时间差小于时间阈值，且两个轨迹点处在不同网格内，因此称 a_0 为直接穿越点。图 4.3 中，采样间隔仍为 3min，时间阈值仍为 5min，此时 b_0 与下一个轨迹点 b_1 处于同一网格内，而第三个轨迹点 b_2 不在此网格内，因此称 b_0 为间接穿越点。

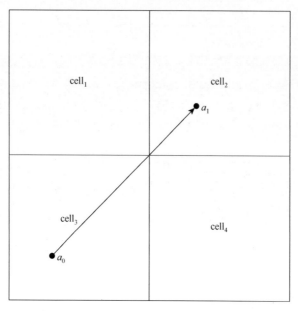

图 4.2　直接穿越点

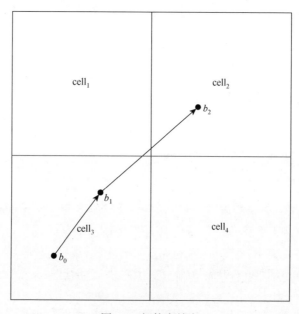

图 4.3　间接穿越点

3. 平均速率

在某个时间区间内，对空间区域 R 中所有轨迹点的运动速率进行平均计算，得到空间区域 R 的平均速率。

4.2.2　移动轨迹数据的网络特征

由第 3 章可知，挖掘大量移动轨迹数据可以构建移动性模式网络。网络中节点对应特定的空间区域，边对应空间区域之间的模式连接。节点在网络中的拓扑结构特征，可以作为节点对应空间区域的网络特征。这里选取节点的出度、入度及节点重要性这 3 个网络特征为参数。

1. 节点的出度、入度

在移动性模式网络中，出度、入度描述节点对应空间区域的连通性。度值越大，表明节点对应空间区域的连通性越强。例如，节点对应空间区域位于红绿灯、十字路口等交通要道，其度值将高于其他普通空间区域（如道路中间区域）对应节点的度值。

2. 节点重要性

评估节点重要性的常用方法包括节点删除法和介数法。节点删除法的原理是比较删除前后网络性能的差异，差值越大表明节点重要性越大。介数法则是使用经过节点的路径数量表示节点的重要性，数量越多，表明节点的重要性越高。但是，两种方法都有一定的缺点：节点删除法会存在相同重要性的节点，而介数法需要读取网络中的每一条路径，计算量太大。

目前，由 Google 公司的拉里·佩奇发明的 PageRank 算法成为一种新型的网络节点重要性的计算方法。PageRank 算法最初用于搜索引擎中网页的排序，PageRank 算法的基本原理是：当页面 A 由一个链接跳转至页面 B，即 $A \rightarrow B$ 之间存在有向边时，则称 B 取得了 A 的贡献值。A 的重要性决定了 B 获取贡献值的大小，即 A 的重要程度越高，B 取得的贡献值越大。在实际网络中，网页链接通常是相互指向，因此贡献值需要进行迭代计算。最后依据贡献值的大小，对网络所有节点的重要性进行排序。PageRank 算法的计算公式如下：

$$PR(p_i) = \chi \sum_{p_j \in M_{p_i}} \frac{PR(p_j)}{Out(p_j)} + \frac{1-\chi}{N} \tag{4.1}$$

其中，$PR(p_i)$ 是页面 p_i 的 PageRank 值；$PR(p_j)$ 是链接到页面 p_j 的 PageRank 值；M_{p_i} 是能链接到 p_i 页面的所有网页集合；$Out(p_j)$ 是页面 p_j 的出度；N 是网络中所有页面的数量；χ 是阻尼系数，表示访问某个页面后继续浏览其他页面的概率。

由式（4.1）可知，链接到 p_i 的页面数量越多，p_i 的重要性越高；页面 p_i 的链接源页面的级别越高，即 $PR(p_j)$ 值越大，页面 p_i 越重要，p_i 的 PageRank 值也越大。

在接下来的分类方法中，采用 Spark GraphX 中的 PageRank 算法计算移动性模式网络中的节点重要性。

4.3　基于时空及网络特征的隐私敏感空间区域的分类模型

使用第 3 章提出的方法构建移动性模式网络，获取网络节点对应空间区域的时空特征、网络特征及隐私敏感标签属性，并使用样本数据训练建立基于 Spark MLlib 中的决策树的二分类模型。最后，使用训练的决策树模型对移动性模式网络中所有节点对应空间区域进行敏感属性判定。

4.3.1　网络特征值的获取

以移动性模式网络中节点的入度、出度及节点重要性为参数，表示节点对应空间区域的网络特征。算法 4.1 是实现的伪代码。

算法 4.1　NetworkFeature（）

输入：节点 i 对应空间区域所在的划分网格 $Cell_i$ 及网格编号 TFBM，网络节点的总数 n，分段后的运动链 L，PageRank 算法的阈值 m

输出：节点 i 的入度 Cnt_{in}，节点 i 的出度 Cnt_{out}，节点 i 的重要性

1. Int $Cnt_{in} = 0$，$Cnt_{out} = 0$
2. if $L.destination$ in $Cell_i$
3. 　Cnt_{in} ++
4. else if $L.origin$ in $Cell_i$
5. 　Cnt_{out} ++
6. end if
7. PageRank（m）

其中，第 1 行将选定网格的入度 Cnt_{in} 和出度 Cnt_{out} 的初始值设置为 0。第 2、3 行当运动链的目标点在选定网格内部时，入度 Cnt_{in} 加 1。第 4～6 行当运动链的出发点在选定网格内部时，出度 Cnt_{out} 加 1。第 7 行根据 PageRank 算法计算得到节点的重要性。

利用 Spark GraphX 的 API 函数实现算法 4.1 的代码如下：

```
val ind=graph.inDegrees
val outd=graph.outDegrees
val ranks=graph.pageRank(m)
```

其中，graph 是构建的移动性模式网络的有向属性图，graph.inDegrees 获取所有网络节点的入度值，graph.outDegrees 获取所有网络节点的出度值，graph.pageRank（m）获取所有网络节点重要性值。参数 m 表示 PageRank 算法的容差，在容差值 m 内，重要性排序结果不发生变化，则排序结束。m 值越小，PageRank 算法的计算值越精确，但计算量也更大。因此，在实际应用中，选择合适的 m 值十分重要。

4.3.2　时空特征值的获取

通过统计节点对应空间区域中移动轨迹的停留点个数（包括静止停留点、缓移停留点）、穿越点的个数（包括直接穿越点、间接穿越点）及平均运动速率，计算节点对应空间区域的时空特征。算法实现伪代码如下。

算法 4.2　时空特征提取 MotionFeature（）

输入：移动性模式网络中所有节点的对应空间区域 $\mathrm{DB}_{\mathrm{cell}}$，移动轨迹数据库 $\mathrm{DB}_{\mathrm{trajectory}}$，时间阈值 T_θ，距离阈值 d_θ

输出：节点对应空间区域网格 Cell_i 中静止停留点个数 Cnt_1，缓移停留点个数 Cnt_2，直接穿越点个数 Cnt_3，间接穿越点个数 Cnt_4，轨迹点的平均速率 $\bar{v}_i$

1. Int $n_i,\mathrm{Cnt}_1,\mathrm{Cnt}_2,\mathrm{Cnt}_3,\mathrm{Cnt}_4=0$
2. Float $v_i,\bar{v}_i=0$
3. for each P_j,P_{j+1} in $\mathrm{DB}_{\mathrm{trajectory}}$
4. if$(P_j\in\mathrm{Cell}_i\ \&\&P_{j+1}\in\mathrm{Cell}_i)\&\&(T_{j+1}-T_j>T_\theta)$
5. if$(P_j\cdot\mathrm{lon}==P_{j+1}\cdot\mathrm{lon})\&\&(P_j\cdot\mathrm{lat}==P_{j+1}\cdot\mathrm{lat})$
6. Cnt_1++
7. else if$\sqrt{[(P_{j+1}\cdot\mathrm{lon}-P_j\cdot\mathrm{lon})\times111000]^2-[(P_{j+1}\cdot\mathrm{lat}-P_j\cdot\mathrm{lat})\times111000\times\cos\theta]^2}<d_\theta$
8. Cnt_2++
9. endif
10. endif
11. endfor
12. for each $P_j\in\mathrm{Cell}_i\ \&\&T_{j+1}-T_j\leqslant T_\theta$
13. if$P_{j+1}\notin\mathrm{Cell}_i$

14.　Cnt_3 ++

15.　else if $P_{j+1} \in \text{Cell}_i \text{ \&\& } P_{j+2} \notin \text{Cell}_i \text{ \&\& } (T_{j+2} - T_j) \leqslant T_\theta$

16.　Cnt_4 ++

17.　endif

18.　endfor

19.　for each Cell_i, P_j

20.　if $P_j \in \text{Cell}_i$

21.　$v_i = v_i + P_j \cdot v$

22.　n_i ++

23.　$\bar{v}_i = v_i / n$

24.　endif

25.　endfor

其中，第 1 行设置网格 Cell_i 内静止停留点个数 Cnt_1、缓移停留点个数 Cnt_2、直接穿越点个数 Cnt_3、间接穿越点个数 Cnt_4 的初始值都为 0。

第 2 行设置网格 Cell_i 内轨迹点的平均速率 $\bar{v}_i$ 初始值为 0。

第 3～11 行计算停留点个数，当连续的两个轨迹点 P_j 和 P_{j+1} 之间的时间间隔之差大于给定的时间阈值 T_θ 时，且两点位置未发生偏移时，静止停留点个数加 1（第 5、6 行），否则计算两点之间的距离差值，当距离差值小于给定的距离阈值 d_θ 时，缓移停留点个数加 1（第 7、8 行）。

第 12～18 行计算穿越点个数，在时间阈值 T_θ 内，当轨迹点 P_j 在网格 Cell_i 内，且 P_j 时间上连续的下一个点 P_{j+1} 不在网格 Cell_i 内时，则直接穿越点个数 Cnt_3 加 1（第 13、14 行）；否则，当 P_j 时间上连续的下一个点 P_{j+1} 在网格 Cell_i 内，但再下一个点 P_{j+2} 不在网格 Cell_i 内时，且 P_{j+2} 与 P_j 之间的时间差值也小于或等于时间阈值 T_θ 时，则间接穿越点个数 Cnt_4 加 1（第 15、16 行）。

第 19～25 行，当轨迹点 P_j 在网格 Cell_i 内，将 P_j 的速率累加到网格 Cell_i 原始速率 v_i（第 21 行），并将轨迹点的数量加 1（第 22 行）。网格内轨迹点平均速率用总的累加速率除以网格内轨迹点总个数（第 23 行）。

接下来，结合一个具体的实例，分析算法 4.2 的计算过程。图 4.4 是某网格空间区域与经过的轨迹数据的拓扑关系。4 条轨迹 L_a、L_b、L_c、L_d 上各个轨迹点信息如表 4.1 所示，其中时间的表示形式为"分：秒"，速率的单位为 km/h。

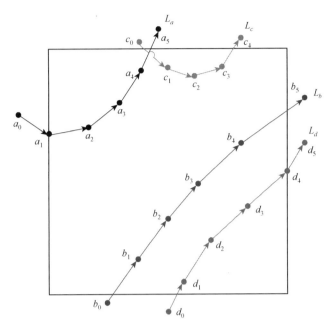

图 4.4　网格空间区域与经过的轨迹数据的拓扑关系

表 4.1　图 4.4 中 4 条轨迹的轨迹点信息

轨迹	项目	速率	坐标	时间
	a_0	18.6	(21.1，57.1)	00:01
	a_1	20.5	(22.0，57.5)	00:03
	a_2	13.2	(23.5，57.3)	01:02
L_a	a_3	5.9	(25.2，56.9)	02:00
	a_4	0	(26.3，55.8)	05:20
	a_5	2.9	(26.8，54.2)	08:02
	b_0	10.9	(24.1，66.2)	03:59
	b_1	16.8	(25.5，63.1)	04:22
L_b	b_2	7.8	(27.0，62.1)	05:20
	b_3	6.2	(29.2，60.8)	09:30
	b_4	3.2	(30.5，59.8)	20:22
	b_5	6.3	(33.2，56.6)	23:20
L_c	c_0	0	(26.3，65.5)	08:56
	c_1	4.2	(28.9，55.9)	10:45

续表

轨迹	项目	速率	坐标	时间
	c_2	8.9	(30.1, 55.3)	24:33
L_c	c_3	0	(27.0, 55.5)	26:34
	c_4	0	(30.7, 54.3)	27:30
	d_0	14.2	(26.6, 66.5)	05:34
	d_1	15.1	(28.1, 64.5)	06:32
	d_2	15.8	(27.9, 62.5)	07:54
L_d	d_3	16.2	(30.8, 61.0)	11:32
	d_4	16.9	(32.0, 60.1)	12:00
	d_5	18.0	(33.1, 59.9)	14:09

4 条移动轨迹数据中，经过网格的轨迹点为 a_1、a_2、a_3、a_4、b_1、b_2、b_3、b_4、c_1、c_2、c_3、d_1、d_2、d_3、d_4，总个数 $n_i = 15$，结合表 4.1 中各轨迹点的速率信息，由算法 4.2 计算出该网格内轨迹点的平均速率 $\bar{v} = 10.05$km/h。当时间阈值设置为 3min、距离阈值为 200km 时，网格内无符合条件的静止停留点。

a_3 与 a_4 之间的时间差值为 3 分 20 秒（5:20~2:00），且二者之间的距离为 $\sqrt{(26.3-25.2)^2 + (56.9-55.8)^2} = 1.556$km，小于 200km，因此 a_3 是缓移停留点，以此类推，得到缓移停留点有 a_3、b_2、b_3、c_1、d_2。

a_4 与 a_5 的时间差为 2 分 42 秒（8:02~5:20），小于时间阈值，且 a_4 在网格内，a_5 不在网格内，因此 a_4 为直接穿越点，同理，b_4 也是直接穿越点。

c_2 与 c_3 的时间差为 2 分 01 秒（26:34~24:33），c_2 与 c_3 都在网格内部，而 c_4 在网格外，因此 c_2 为间接穿越点，同理，d_3 也是间接穿越点。

因此，共得到静止停留点个数 $\mathrm{Cnt}_1 = 0$，缓移停留点个数 $\mathrm{Cnt}_2 = 5$，直接穿越点个数 $\mathrm{Cnt}_3 = 2$，间接穿越点个数 $\mathrm{Cnt}_4 = 2$。

4.3.3　隐私敏感属性的获取

将具有敏感属性的地物要素（如石油藏区、军事禁区、宗教场地、特殊敏感职业相关的家庭住址和工作单位等）与移动性模式网络中节点对应的空间区域进行空间叠加运算，设定空间区域的隐私敏感属性。具体过程如下。

（1）敏感属性的地物要素的图层类型可以为面（图 4.5），也可以为点。点

状地物要素在进行空间叠加运算时，通常采用缓冲运算转换为圆形空间区域
（图 4.6）。

图 4.5 多边形图层表示隐私敏感空间区域

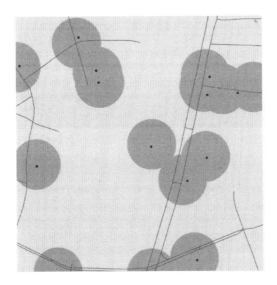

图 4.6 点状图层缓冲表示隐私敏感空间区域

（2）将移动性模式网络中节点对应的空间区域（采用图幅划分的空间区域网
格表示，如表 4.2 所示），与隐私敏感地物要素（或其缓冲区）的空间区域进行拓
扑叠加，如图 4.7 所示。

表 4.2 节点信息对应空间区域的图幅划分

编号 TFBM	最小横坐标 $minX$	最大横坐标 $maxX$	最小纵坐标 $minY$	最大纵坐标 $maxY$
664*510	32.0	43.0	45.0	55.0
664*511	12.0	22.0	55.0	65.0
664*512	22.0	32.0	55.0	65.0
$\vdots$	$\vdots$	$\vdots$	$\vdots$	$\vdots$

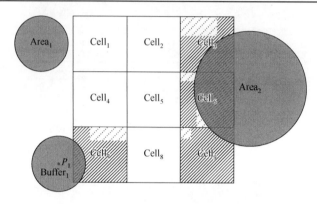

图 4.7 网格与隐私敏感区域的空间拓扑运算

其中，$Area_1$、$Area_2$ 为已知的面状隐私敏感空间区域，$Buffer_1$ 是由点 P_1 生成的隐私敏感缓冲区域。将移动性模式网络节点涉及的空间区域网格 $Cell_1 \sim Cell_9$ 分别与 $Area_1$、$Area_2$、$Buffer_1$ 进行空间叠加运算。

（3）基于运算结果可知：$Cell_3$、$Cell_6$、$Cell_7$ 和 $Cell_9$ 具有隐私敏感属性，将其隐私敏感属性 CellType 设置为 1，其他设置为 0，如表 4.3 所示。

表 4.3 节点对应空间区域网格的隐私敏感属性

编号 TFBM	隐私敏感属性 CellType
$Cell_1$	0
$Cell_2$	0
$Cell_3$	1
$Cell_4$	0
$Cell_5$	0
$Cell_6$	1
$Cell_7$	1
$Cell_8$	0
$Cell_9$	1

实现上述过程的算法伪代码如下。

算法 4.3　SetCellType（）

输入：隐私敏感空间区域 Area_i，隐私敏感空间点 P_i，节点对应的空间区域网格 Cell_i 及节点编号 TFBM

输出：节点的隐私敏感属性 CellType

1. Search TFBM in database
2. return $\text{Cell}_i \cdot \max X, \text{Cell}_i \cdot \min X, \text{Cell}_i \cdot \max Y, \text{Cell}_i \cdot \min Y$
3. for each P_i
4. expand P_i to Buffer_i
5. end for
6. for each $x \in (\min X, \max X) \&\& y \in (\min Y, \max Y)$
7. if $x \in \text{Area}_i \&\& y \in \text{Area}_i \| x \in \text{Buffer}_i \&\& y \in \text{Buffer}_i$
8. set CellType = 1
9. else
10. set CellType = 0
11. end for

其中，第 1、2 行是根据给定的节点标识 TFBM，得到对应空间区域的经纬度范围（表 4.2）。

第 3～5 行，若已知的隐私敏感区域以点状图层表示，则将其扩充为多边形缓冲区。

第 6～11 行，将节点对应空间区域与已知隐私敏感空间区域进行拓扑运算，依据运算结果设定节点对应空间区域的 CellType 属性。

最终，通过获取移动性模式网络中节点对应空间区域的网络特征、时空特征及敏感属性，可以得到训练分类模型的样本数据，如表 4.4 所示。

表 4.4　节点对应空间区域的隐私敏感属性及特征值

隐私敏感属性	时空特征					网络特征		
	平均速率/(km/h)	停留特征		运动特征		入度	出度	节点重要性
		静止停留点数	缓移停留点数	直接穿越点数	间接穿越点数			
1	33.3	88	88	88	88	123	142	3.25
0	26.8	56	56	56	56	50	22	4.88
0	10.1	89	89	89	89	1318	78	2.67
⋮	⋮	⋮	⋮	⋮	⋮	⋮	⋮	⋮

4.3.4　分类模型

基于移动性模式网络的时空、网络特征的监督二分类模型，定义如下：

$$SEQ = \{CellType, NetworkFeature, MotionFeature\} \tag{4.2}$$

其中，CellType 表示网络节点对应空间区域的隐私敏感属性，是分类的标签，1 为敏感的，0 为非敏感的。

MotionFeature 表示时空特征，其定义如下：

$$MotionFeature = \{Cnt_1, Cnt_2, Cnt_3, Cnt_4, \bar{v}\} \tag{4.3}$$

其中，Cnt_1 表示静止停留点的个数；Cnt_2 表示缓移停留点的个数；Cnt_3 表示直接穿越点的个数；Cnt_4 表示间接穿越点的个数；$\bar{v}$ 表示网格内轨迹点的运动速率的平均值。

NetworkFeature 表示网络特征，其定义如下：

$$NetworkFeature = \{Cnt_{in}, Cnt_{out}, W_i\} \tag{4.4}$$

其中，Cnt_{in} 表示节点的入度；Cnt_{out} 表示节点的出度；W_i 表示节点的重要性。

根据式（4.2）和式（4.3），可将式（4.4）转化为

$$SEQ = \{CellType, Cnt_{in}, Cnt_{out}, W_i, Cnt_1, Cnt_2, Cnt_3, Cnt_4, \bar{v}\} \tag{4.5}$$

该模型使用 Spark MLlib 库中决策树分类算法进行实现。首先，需要将训练样本转换成其支持的数据格式，如表 4.5 所示。

表 4.5　Spark MLlib 库中决策树分类算法支持的数据格式

敏感属性	入度	出度	重要性	静止停留点数	缓移停留点数	直接穿越点数	间接穿越点数	平均速率
1	2: 7	3: 2	4: 2.3994901	5: 498	6: 7508	7: 151	8: 15	9: 2.84682660
0	2: 4	3: 3	4: 2.1847600	5: 43	6: 2270	7: 148	8: 31	9: 1.47465517
0	2: 1	3: 3	4: 0.3932049	5: 73	6: 5418	7: 61	8: 7	9: 0.48240985
1	2: 76	3: 57	4: 4.3618002	5: 3	6: 1170	7: 536	8: 58	9: 14.7385685
1	2: 2	3: 3	4: 0.421535	5: 10	6: 1155	7: 313	8: 27	9: 9.27983777
1	2: 2	3: 2	4: 0.419555	5: 87	6: 87	7: 109	8: 5	9: 28.6597938

其中，第 1 列表示节点对应空间区域网格的敏感属性，1 代表敏感，0 代表非

敏感，是分类学习的标签值。第 2～9 列分别表示入度、出度、重要性、静止停留点数、缓移停留点数、直接穿越点数、间接穿越点数及平均速率。每一行是一个样本实例。第 2～9 列"："之前的数字表示属性序号，"："之后的数值表示对应的属性值。分类模型实现程序如下：

```
def trainClassifier(
    input:RDD[LabledPoint],
    numClasses:Int,
    categoricalFeaturesInfo:Map[Int,Float],
    impurity:String,
    maxDepth:Int,
    maxBins:Int
):DecisionTreeModel
```

其中，input：RDD[LabledPoint]为输入的数据集；numClasses 为分类的数量，取值为 2，表示分类模型只有敏感与非敏感两种结果；categoricalFeaturesInfo 定义了属性键值对的格式；impurity 是计算信息增益的格式；maxDepth 表示决策树的高度；maxBins 表示可以分裂的数据集数量。

利用训练数据建立分类模型的过程：①将数据分成无交集的训练数据和测试数据。②设置分类数量、键值对格式、信息增益计算方式、树高、分裂数据集数量。③利用函数建立训练模型，val model = DecisionTree.trainClassifier（trainingData，numClasses，categoricalFeaturesInfo，impurity，maxDepth，maxBins）。

4.3.5　模型预测性能评估

利用训练数据建立分类模型，在将其应用于数据预测前，还需要进行模型性能的评估。如第 2 章所述包括：曲线下面积、F 值、均方根误差等，在 Spark MLlib 库中对应的实现函数如表 4.6 所示。

表 4.6　Spark MLlib 库中分类性能评价指标及实现函数

分类性能评价指标	实现函数
曲线下面积	areaUnderROC（）
F 值	fMeasureByThreshold（）
预测精度	precisionByThreshold（）
预测召回率	recallByThreshold（）
均方根误差	rootMeanSquaredError（）

4.4　实验结果与分析

首先，介绍实验数据的生成方法以及生成实验数据的基本信息。然后，分别开展训练数据与测试数据比值对分类结果影响的实验，以及考虑单特征值与综合特征值的分类性能对比实验。最后，分析实验结果。

4.4.1　实验数据

1. 实验数据的生成方法

实验数据的生成过程如图 4.8 所示。

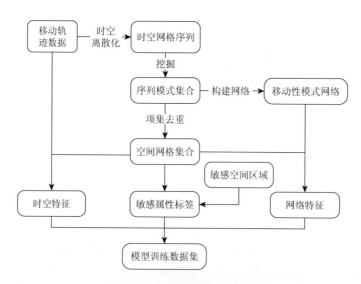

图 4.8　实验数据的生成过程

具体流程如下：

（1）将用户移动轨迹数据时空离散、转换为时空网格序列数据集合。

（2）采用序列模式挖掘的方法挖掘时空网格序列数据集合，得到序列模式集合。

（3）去除序列模式集合中重复的空间网格，得到空间网格集合，并将网格数据按一定比例分为训练数据和测试数据。

（4）基于序列模式集合构建移动性模式网络，对应获取空间网格集合中所有网格的隐私敏感属性。

（5）统计分析空间网格集合中所有空间网格的移动轨迹数据，得到对应网格的时空特征。

（6）将空间网格集合中所有空间网格和具有隐私敏感属性的空间区域，进行叠加运算，得到空间网格的分类标签属性。

（7）联合网格数据的时空特征、网络特征、分类标签，得到实验数据。

2. 实验数据

采用南京市某运营商 2015 年某天的 3000 个用户的移动轨迹数据为源数据，将移动轨迹数据的空间区域划分为 50 万个网格，并设定时间阈值为 15min，转换得到 10 个批次的网格序列数据。对 10 个批次的数据进行序列模式挖掘，得到 10 个批次的序列模式数据，进一步将其与南京市政府机关兴趣点数据（设定为隐私敏感属性）的缓冲数据进行空间叠加运算，得到 10 个批次序列模式中敏感网格与非敏感网格的基本信息，如表 4.7 所示。

表 4.7 10 个批次序列模式包含网格的信息

批次	序列模式数量	网格数量	敏感网格数量	敏感网格比重/%
1	6442	370	267	72.16
2	7201	374	276	73.80
3	6229	374	264	70.59
4	6672	353	262	74.22
5	7202	357	270	75.63
6	7004	368	273	74.18
7	7019	346	262	75.72
8	6713	364	266	73.08
9	6345	346	255	73.70
10	6614	367	264	71.93

当时间阈值 T_θ 分别设置为 1～5min 时，符合条件的网格占总网格的比重分别为 86.90%、77.38%、61.90%、55.95%、52.38%。为了确保数据量的使用率达到最大，为后续的分类学习提供充足的实验数据，设置时间阈值为 1min。采用算法 4.2 分别对 10 个批次数据进行运动特征计算，得到敏感与非敏感网格内停留点信息如表 4.8 所示，静止停留点与缓移停留点的信息如表 4.9 所示，直接穿越点与间接穿越点的信息如表 4.10 所示。将表 4.7 中 10 个批次的数据构建移动性模式网络，得到对应网络特征信息如表 4.11 所示。

表 4.8　　10 个批次数据中敏感与非敏感网格内停留点平均数量

批次	敏感网格内停留点平均数量	非敏感网格内停留点平均数量	差值
1	2199	2057	142
2	2278	2146	132
3	2329	2237	92
4	2400	2237	163
5	2259	2102	157
6	2281	2192	89
7	2311	2198	113
8	2297	2128	169
9	2330	2226	104
10	2313	2154	159

表 4.9　　10 个批次数据中停留点个数统计值

批次	平均静止停留点个数	平均缓移停留点个数
1	152.6757	1623.4297
2	164.3209	1697.1497
3	160.2433	1713.0588
4	177.4306	1783.8782
5	163.2745	1730.2577
6	164.0788	1722.8696
7	168.3439	1742.3006
8	167.9011	1724.6621
9	172.6040	1757.5405
10	167.3106	1700.7275

表 4.10　　10 个批次数据中穿越点个数统计值

批次	平均直接穿越点个数	平均间接穿越点个数
1	575.3432	45.7189
2	589.5749	46.4866
3	594.9385	47.0561
4	591.8499	47.3173
5	602.6975	47.8123
6	590.9375	46.8505
7	605.2341	48.4220
8	598.4396	47.7060
9	607.1503	48.3150
10	597.5722	47.5450

表 4.11　　10 个批次数据的网络特征统计值

批次	平均入度值	平均出度值
1	17.4108	17.0405
2	19.2540	18.8422
3	16.6551	16.3342

续表

批次	平均入度值	平均出度值
4	18.9008	18.4816
5	20.1008	19.6218
6	19.0326	18.6440
7	20.2861	19.7370
8	18.4423	18.0027
9	18.3382	18.0087
10	18.02180	17.5559

4.4.2　结果分析

1. 训练数据与测试数据比值对分类结果的影响分析

基于已获取的敏感网格及非敏感网格的时空特征和网络特征，采用决策树分类法对其进行自动分类。选取 10 个批次数据中的部分作为训练数据，剩余的数据用于分类精度的检测，分别设置训练数据与测试数据的比值为 1∶9、2∶8、3∶7、…、9∶1。各个批次数据在不同比值时，分类的精度、召回率、F 值、曲线下面积、均方根误差等指标的结果如图 4.9 所示。

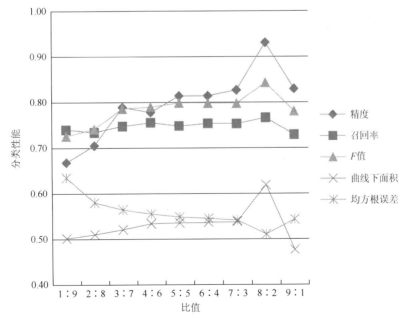

图 4.9　不同训练数据与测试数据比值时分类指标的结果

从图 4.9 中可以看出，当训练数据与测试数据比值不同时，只有召回率的变化不太明显。其他评估指标随着训练数据与测试数据比值的不断增大，性能均趋于优化，直至比值为 8∶2 时达到最优。因此，在后续的研究中将训练数据与测试数据比值设置为 8∶2。

2. 考虑单特征值与综合特征值的分类性能比较分析

图 4.10 显示了当训练数据与测试数据比值设置为 8∶2 时，分别考虑仅使用时空特征、网络特征，以及综合考虑这两种特征时，得到的分类精度。

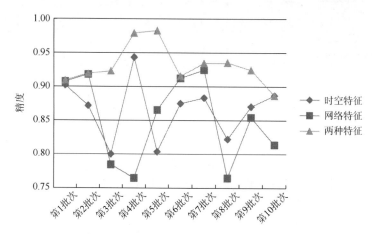

图 4.10　考虑不同特征值得到的分类精度

从图 4.10 看出，对于 10 个批次的数据，综合考虑时空特征和网络特征，相比于只考虑单一的时空特征或网络特征，具有更好的分类精度。进一步比较召回率、F 值、曲线下面积和均方根误差指标，结果分别如图 4.11～图 4.14 所示。

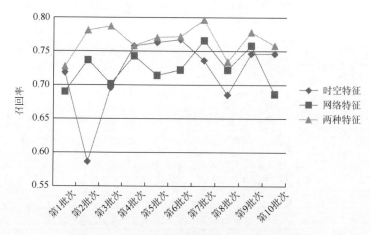

图 4.11　考虑不同特征值得到的分类召回率

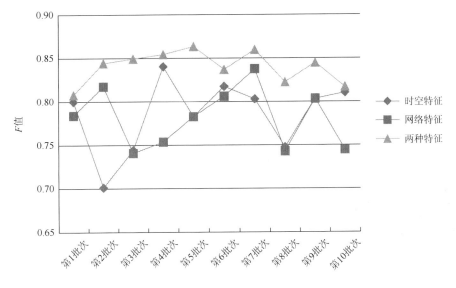

图 4.12　考虑不同特征值得到的分类 *F* 值

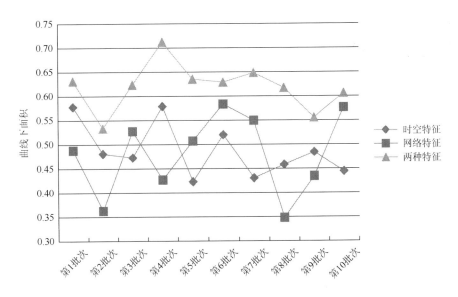

图 4.13　考虑不同特征值得到的分类曲线下面积

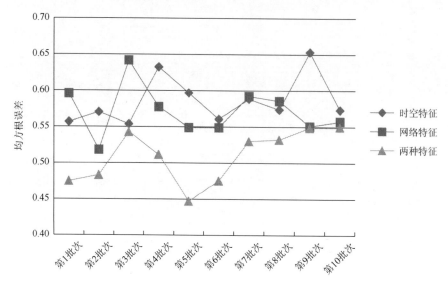

图 4.14　考虑不同特征值得到的分类均方根误差

可以看出，综合考虑时空特征和网络特征，分类模型具有更高的召回率、F 值、曲线下面积，更低的均方根误差，在这 4 个指标上，综合考虑时空特征和网络特征具有更好的分类性能。

综上，可以得出结论：时空特征和网络特征均是影响机器学习分类模型的特征值，同时考虑时空特征和网络特征时，模型预测具有最优的性能。

使用本章提出的方法可以发现移动性模式网络中所有具有隐私敏感属性的节点，将移动模型模式网络转换为对应的隐私敏感移动性模式网络，为后续章节分析相应的推理攻击问题奠定基础。

第 5 章　基于隐私敏感移动性模式网络的推理攻击分析

基于分类模型对移动性模式网络中所有节点对应空间区域进行隐私敏感属性标注后，就可以对应得到移动性模式网络中所有具有隐私敏感属性的节点，从而将移动性模式网络转化为具有隐私敏感属性的移动性模式网络。隐私敏感移动性模式网络相比单一的移动性模式或单一移动性模式的集合，具有更加复杂的网络结构特性。基于隐私敏感移动性模式网络的推理攻击更具复杂性、隐蔽性，也更具威胁性。本章将分析基于隐私敏感移动性模式网络的推理攻击模型及典型的推理攻击场景，为后续的保护方法设计奠定基础。

5.1　基于隐私敏感移动性模式网络的推理攻击模型

5.1.1　基本概念

定义 5.1　隐私威胁：当个人的身份信息与具有隐私敏感属性的信息关联时，即产生个人隐私威胁。

定义 5.2　隐私攻击：当恶意攻击者或者好奇用户利用某种技术手段，将个人的身份信息与具有隐私敏感属性的信息进行关联时，即对个人的隐私进行攻击。

如图 5.1 所示，攻击者将系统提供服务过程中产生的数据，与相关背景知识集成分析，通过隐私敏感信息与个人身份信息关联，实现对用户隐私的攻击。由于系统在提供服务的过程，一般都进行数据去名或匿名化处理，所以攻击者一般只能从中获取隐私敏感信息。个人身份信息主要从相关背景知识中获取。

依据信息安全领域的研究方法，一般隐私攻击模型主要有 5 个组成部分：攻击者与被攻击者、目标隐私信息、获取数据及对其分析的能力、背景知识、推理攻击能力。

（1）攻击者与被攻击者。所有能够获取系统提供服务过程中产生的数据的个人和团体都是潜在的攻击者，所有产生数据的用户主体都是潜在的被攻击者。

（2）目标隐私信息。目标隐私信息即具有个人标识的隐私敏感信息，如某人的政治倾向、宗教信仰、位置信息等。

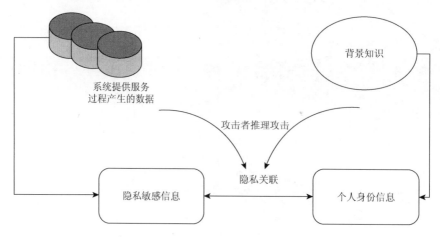

图 5.1　一般隐私攻击模型

（3）获取数据及对其分析的能力。攻击者可能使用合法的手段，如购买、网络共享下载等，也可能使用非法的手段，如网络截取等，获取系统提供服务过程中产生的数据。攻击者分析获取数据的能力不同，可能是执行简单的数据查询，也可能是使用复杂的数据分析工具，执行高级分析功能。

（4）背景知识。所有包含用户（数据涉及用户主体）标识的外源信息都可定义为背景知识，如通讯录、特定群体的成员列表、选民名单等。

（5）推理攻击能力。推理攻击能力是攻击者将获取的数据及分析的结果与相关背景知识进行关联，获取个人目标隐私信息的能力。从背景知识角度考虑，存在两种极端的攻击情况，即零背景知识攻击和完全背景知识攻击。零背景知识攻击是指只利用获取数据及分析结果的推理攻击；完全背景知识攻击则是指只利用背景知识的推理攻击。

5.1.2　攻击模型

依照一般隐私攻击模型的定义，基于隐私敏感移动性模式网络的攻击模型定义如下：

（1）攻击者与被攻击者。任何从电信运营商或者第三方获取移动轨迹数据的个人和团体都是潜在的攻击者，产生移动轨迹数据的用户都是潜在的被攻击者。

（2）目标隐私信息。目标隐私信息即某一用户在某一个时间或时段的位置信息。

（3）获取移动轨迹数据及对其分析的能力。攻击者通过使用合法或非法手段，从电信大数据交易平台或者第三方获取大量用户的移动轨迹数据。数据分析包括使用数据挖掘工具得到反映移动轨迹数据中共性运动规律的移动性模式，并构建移动性模式网络。

（4）背景知识。攻击者了解到移动轨迹数据中肯定包含某一个特定用户的移动轨迹，并获取该用户的部分轨迹信息；或者，攻击者通过使用某种检测手段，了解到某个用户在某个时刻或时段位于移动性模式网络节点对应空间区域的某个位置。此外，攻击者通过使用合法或非法手段获取移动性模式网络中部分节点对应空间区域范围涉及的、具有隐私敏感属性信息的外源专题地理数据（如发电厂、煤气站、油库、军事禁区、宗教、娱乐场所等所处的地理位置数据）。

（5）推理攻击能力。推理攻击能力即攻击者将获取的用户移动轨迹数据及分析结果与背景知识进行关联，分析推理某个用户在特定时间或时段的位置信息的能力。

推理攻击的过程如图 5.2 所示，具体步骤如下：

（1）攻击者采用数据挖掘等分析工具，从大规模移动轨迹数据中挖掘移动性序列模式，并构建移动性模式网络。

（2）将移动性模式网络节点对应的空间区域与背景知识中具有隐私敏感的地理空间区域进行空间拓扑运算，获取移动性模式网络中部分具有隐私敏感属性的节点，或进一步通过构建基于时空及网络特征的分类模型，发现移动性模式网络中所有具有隐私敏感属性的节点，最终将移动性模式网络转换为对应的隐私敏感移动性模式网络。

（3）将背景知识中某一个用户的部分移动轨迹点，或者检测到的某一个用户的当前位置，与隐私敏感移动性模式网络中节点对应的空间区域进行匹配运算，得到该用户的某一轨迹点对应的网络节点。

（4）基于网络连通性分析，对用户在特定时间或时段的位置信息隐私进行推理攻击。

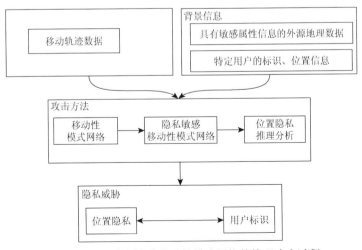

图 5.2　基于隐私敏感移动性模式网络的推理攻击过程

5.2　基于网络连通性分析的推理攻击场景

目前，在社交网络中已经存在基于链路预测的推理分析。链路预测利用网络节点的属性信息和拓扑结构，推断网络中没有连接但本应连接的节点（例如，在现实中两个用户具有好友关系，但是在社交网络中双方却未彼此关注），或者将来可能连接的概率（例如，具有相似兴趣爱好的用户，将来很可能成为好友）。链路预测方法主要采用基于分类模型的预测技术进行实现：将具有相似兴趣爱好且存在好友关系的数据作为正样本，而把具有相似兴趣爱好但不存在好友关系的数据作为负样本。提取正负样本的特征属性训练建立回归分类模型，并基于模型执行链路连接预测。

隐私敏感移动性模式网络是以移动轨迹数据分布的离散空间区域为节点，以用户在离散空间区域的运动轨迹为连接边的有向地理网络。基于隐私敏感移动性模式网络的推理分析过程，可以类比于地理网络中的"源""汇""过渡"等类型的连通性分析。攻击者基于隐私敏感移动性模式网络的推理攻击场景可以分为"源""汇""过渡"三种攻击场景，具体过程如图 5.3 所示。

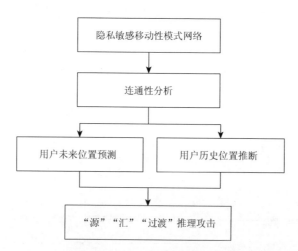

图 5.3　基于隐私敏感移动性模式网络的位置隐私推理攻击

最短路径是网络连通性分析的典型方法，隐私敏感移动性模式网络中最短路径算法实现伪代码如下。

算法 5.1　CalculateShortDistance（）
输入：隐私敏感移动性模式网络的邻接矩阵 AM
输出：网络任意节点对间的最短路径矩阵 ShortestPath
1. n=AM.length;

```
2. int[][] existing=new int[n][n];
3. for  i=0  to  n-1
4.    for  j=0  to  n-1
5.      if(AM[i][j]＞0)
6.        existing[i][j]=1;
7.       end if
8.      ShortestPath[i][j]=existing[i][j];
9.    end for
10. end for
11. for k=0  to  n-1
12.    for  h=0  to  n-1
13.      for  m=0  to  n-1
14.        if(h==m ‖ h==k ‖ m==k)
15.          continue;
16.        end if
17.        if(ShortestPath[h][k]!=0&&ShortestPath[k][m]!=0)
18.          int tmp=ShortestPath[h][k]+ShortestPath[k][m];
19.          if(tmp＜ShortestPath[h][m] ‖ ShortestPath[h]
             [m]==0)
20.            ShortestPath[h][m]=tmp;
21.          end if
22.        end if
23.      end for
24.    end for
25. end for
26. return ShortestPath
```

其中，第 1、2 行设置初始变量值。第 3～10 行计算直接连接节点的路径值。第 11～26 行通过循环计算得到间接连接节点的最短路径值。

接下来，通过具体实例给出基于最短路径的 3 种推理攻击场景。

5.2.1　基于连通性分析的源攻击

在图 5.4 中的隐私敏感移动性模式网络中，包括 a~j 共 10 个节点，其中节点 c 是具有隐私敏感属性的节点。假定攻击者基于背景知识了解到某一用户曾经位于或者当前正位于节点 c 对应的空间区域，则基于网络的连通性分析，其可以做出这样的推断：该用户曾经或将会沿着路径 $c \to b \to a$（图中虚线标出），到达节点 a 对应空间区域的位置。节点 c 对应的空间区域具有隐私敏感属性，且节点 c 是路径 $c \to b \to a$ 的起点，称此类推理攻击为源攻击。

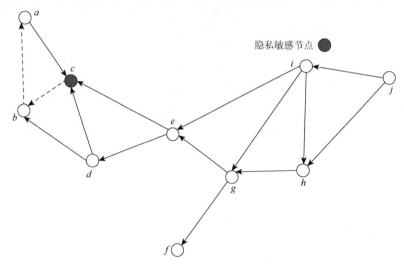

图 5.4　基于连通性分析的源攻击示例（隐私敏感节点 c 到节点 a）

源攻击算法实现的伪代码如下。

算法 5.2　CountPathFrom（）

输入：隐私敏感移动性模式网络的邻接矩阵 AM，网络任意节点对间的最短路径矩阵 ShortestPathLength，隐私敏感节点集 SensitiveVertex

输出：以隐私敏感节点为起点，到达网络中其他节点的最短路径的集合 totalSensitiveFromPath

```
1. int [] numFromAttackArray;
2. for i=0 to  ShortestPathLength.length-1
3.        int tmp=0;
4.        for j=0 to  ShortestPathLength.length-1
5.            if(AM[i][j]＞0)
6.                tmp++;
7.            end if
8.        end for
9.        numFromAttackArray[i]=tmp;
10. end for
11. int totalSensitiveFromPath=0;
```

```
12. for  i=0  to  SensitiveVertex.length-1
13.        totalSensitiveFromPath+=numFromAttackArray
           [SensitiveVertex[i]];
14. end for
15. return  totalSensitiveFromPath;
```

其中，第 1 行进行变量的初始化，第 2～10 行计算所有源路径，第 11～15 行过滤所有源路径得到所有起点为隐私敏感节点的最短路径。基于算法 5.2 得到图 5.4 中所有以隐私敏感节点 c 为源的攻击路径，如表 5.1 所示。

表 5.1　敏感节点的源攻击路径

起始节点（敏感）	终止节点（攻击）	最短攻击路径
c	b	$c \rightarrow b$
	a	$c \rightarrow b \rightarrow a$

5.2.2　基于连通性分析的汇攻击

图 5.5 中隐私敏感移动性模式网络与图 5.4 中网络相同，但是攻击者的背景知识不同：了解到某一用户曾经位于或者当前正位于节点 j 对应的空间区域。因此，其可以做出的推理攻击推断也不同：该用户曾经或将会沿着路径 $j \rightarrow i \rightarrow e \rightarrow c$（图中虚线标出），到达节点 c 对应空间区域的位置。节点 c 对应的空间区域具有隐私敏感属性，且节点 c 是路径 $j \rightarrow i \rightarrow e \rightarrow c$ 的终点，称此类推理攻击为汇攻击。

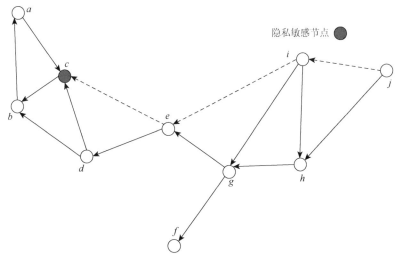

图 5.5　基于连通性分析的汇攻击示例（节点 j 到隐私敏感节点 c）

汇攻击算法实现的伪代码如下。

算法 5.3　CountPathTo（）

输入：隐私敏感移动性模式网络的邻接矩阵 AM，网络中任意节点对间的最短路径矩阵 ShortestPathLength，隐私敏感节点集 SensitiveVertex

输出：以隐私敏感节点为终点，网络中其他节点到达隐私敏感节点的最短路径的集合 totalSensitiveFromPath

```
1. int [] numToAttackArray;
2. for i=0 to ShortestPathLength.length-1
3.    int tmp=0;
4.    for j=0 to ShortestPathLength.length-1
5.       if(AM[j][i]>0)
6.          tmp++;
7.       end if
8.    end for
9.    numToAttackArray[i]=tmp;
10. end for
11. int totalSensitiveToPath=0;
12. for i=0 to SensitiveVertex.length-1
13.    totalSensitiveToPath+=numToAttackArray[Sensitive
       Vertex[i]];
14. end for
15. return totalSensitiveToPath;
```

其中，第 1 行进行变量的初始化，第 2～10 行计算所有汇路径，第 11～15 行过滤所有汇路径得到所有终点为隐私敏感节点的最短路径。基于算法 5.3 得到图 5.5 中所有以隐私敏感节点 c 为汇的攻击路径，如表 5.2 所示。

表 5.2　敏感节点的汇攻击路径

起始节点（攻击）	终止节点（敏感）	最短攻击路径
a		$a \rightarrow c$
b		$b \rightarrow a \rightarrow c$
d		$d \rightarrow c$
e		$e \rightarrow c$
g	c	$g \rightarrow e \rightarrow c$
h		$h \rightarrow g \rightarrow e \rightarrow c$
i		$i \rightarrow e \rightarrow c$
j		$j \rightarrow i \rightarrow e \rightarrow c$

5.2.3 基于连通性分析的过渡攻击

同样，图 5.6 中隐私敏感移动性模式网络与图 5.4 中网络相同。攻击者同样了解到某一用户曾经位于或者当前正位于节点 c 对应的空间区域。不过，其可做出的推理攻击推断不同：该用户曾经沿着路径 $j \to i \to e \to c$，到达节点 c 对应空间区域的位置，接着将会沿着路径 $c \to b \to a$，到达节点 a 对应空间区域的位置。节点 c 在路径 $j \to i \to e \to c \to b \to a$（图中虚线标出）是中间过渡节点，即节点 c 对应的空间位置是用户的途经之地，因此称此类推理攻击为过渡攻击。

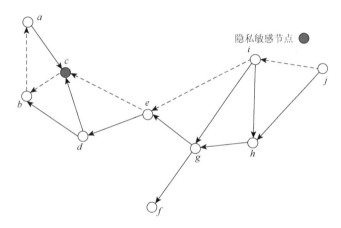

图 5.6 基于连通性分析的过渡节点攻击（从节点 j 到节点 a，经过隐私敏感节点 c）

过渡攻击的算法实现伪代码如下。

算法 5.4 CountPathPassby（）

输入：隐私敏感移动性模式网络中各个节点的源攻击路径集合 numFrom-AttackArray，各个节点的汇攻击路径集合 numToAttackArray

输出：以隐私敏感节点为中间节点的最短路径集合 totalSensitivePassbyPath

```
1. int [] numPassbyAttackArray;
2. int totalSensitivePassbyPath=0;
3. for i=0 to SensitiveVertex.length-1
4.    numPassbyAttackArray[i]=numFromAttackArray[i]*num
      ToAttackArray[i];
5.    totalSensitivePassbyPath+=numPassbyAttackArray[i];
6. end for
```

其中，第 1、2 行进行变量的初始化，第 3～6 行通过源攻击路径集合与汇攻击路径集合的组合，得到所有以隐私敏感节点为中间过渡节点的最短路径。

基于算法 5.4 得到图 5.6 中所有以隐私敏感节点 c 为过渡节点的攻击路径，如表 5.3 所示。

表 5.3　敏感节点为过渡节点的攻击路径

起始节点（攻击）	过渡节点（敏感）	终止节点（攻击）	最短攻击路径
a		b	$a \to c \to b$
a		a	$a \to c \to b \to a$
b		b	$b \to a \to c \to b$
b		a	$b \to a \to c \to b \to a$
d		b	$d \to c \to b$
d		a	$d \to c \to b \to a$
e		b	$e \to c \to b$
e		a	$e \to c \to b \to a$
g	c	b	$g \to e \to c \to b$
g		a	$g \to e \to c \to b \to a$
h		b	$h \to g \to e \to c \to b$
h		a	$h \to g \to e \to c \to b \to a$
i		b	$i \to e \to c \to b$
i		a	$i \to e \to c \to b \to a$
j		b	$j \to i \to e \to c \to b$
j		a	$j \to i \to e \to c \to b \to a$

5.3　传统的攻击预防方法

5.3.1　直接移除网络中隐私敏感节点的方法

分析基于隐私敏感移动性模式网络的推理攻击模型及场景发现，具有隐私敏感属性的节点是推理攻击的核心。因此，应对推理攻击最简单的方法是直接移除网络中所有的隐私敏感节点。但实际上，这种简单的方法并不能消除推理攻击：攻击者通过对隐私敏感移动性模式网络结构，以及节点对应空间区域进行分析，会再次发现被直接去除的隐私敏感节点，重构隐私敏感移动性模式网络，如图 5.7 所示。

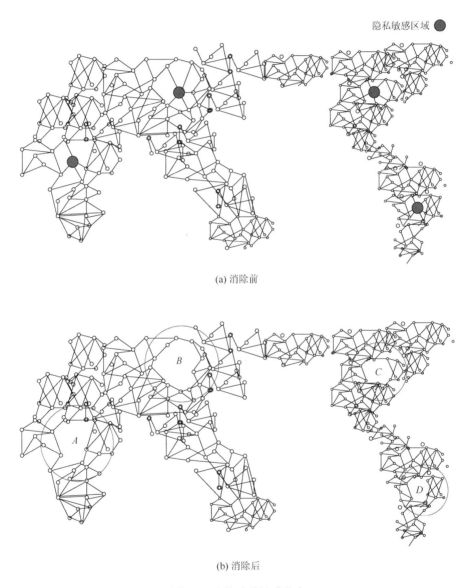

图 5.7　直接消除敏感节点

其中，图 5.7（a）是一个隐私敏感移动性模式网络在地理空间上的分布，其中，黑色节点对应的空间区域为隐私敏感区域。图 5.7（b）是直接移除隐私敏感节点后移动性模式网络在地理空间上的分布：A、B、C 和 D 区域在移动性模式网络中呈现为"空洞"。但是，攻击者通过相关地理背景知识分析可知，这与实际情况并不相符。因此，可以直接判定 A、B、C 和 D 区域必然是隐私敏感区域，移动性模式网络中必定有对应的隐私敏感节点。最终，攻击者可实现隐私敏感移动性模式网络的重构。

因此，为应对基于隐私敏感移动性模式网络的推理攻击，需要从网络的角度设计实现相应的防护方法。目前国内外没有直接针对移动性模式网络的隐私保护方法，相关的研究主要集中于针对社交网络的净化方法。

5.3.2　社交网络的净化方法

目前，针对社交网络的隐私攻击防护方法[122, 123]，主要包括：节点 k-匿名技术、子图 k-匿名技术、数据扰乱技术及推演控制技术等[124]。节点 k-匿名技术[125]的思路是将全部的节点聚类成若干个超点，其中任意一个超点必须包含不少于 k 个节点。这样，通过将节点被识别的概率降低至 $1/k$，实现相应的隐私保护。节点 k-匿名技术的缺点是极大地降低了网络数据的可用性。子图 k-匿名技术[126, 127]的实现过程：首先依据特定目标在网络中的位置，构造包括特定目标的网络子图；然后通过修改网络结构，如去除边、泛化、添加伪点和添加伪边等，保证网络中至少包括 k 个具有相似结构的子图。子图 k-匿名技术相对于节点 k-匿名技术，可较好地实现网络可用性与隐私安全性的平衡，但缺点是在大规模社交网络上进行子图同构计算，需要非常大的计算资源开销。数据扰乱技术[128]通过随机改动社交网络的结构，降低攻击者推理出真实信息的概率。推演控制技术[129]建立不同的预测模型修改社交网络的结构，通过降低基于预测模型推算用户隐私的准确率，以实现对用户隐私的保护。

但是，上述针对社交网络隐私攻击的防护方法，并不能解决基于隐私敏感移动性模式网络的推理攻击问题。主要原因是针对社交网络的防护方法，防护的是不同角度的社会关系，仅适用于个体情况；而基于隐私敏感移动性模式网络的推理攻击，针对的是满足条件的任何人。从本质上讲，社交网络的防护方法应对的是数据级别的标识推理攻击，而基于隐私敏感移动性模式网络的推理攻击属于知识级别。在接下来的章节中，将介绍一种应对推理攻击的防护方法：基于大数据平台技术的隐私敏感移动性模式网络的净化方法。

第6章 隐私敏感移动性模式网络的净化方法及实现

本章介绍一种应对基于隐私敏感移动性模式网络的净化方法，并给出了基于 Spark 大数据平台的实现方法。最后，通过实验分析方法的有效性和适用性。

6.1 系 统 框 架

为了保障数据交易的安全与规范，学术界与工业界尝试建立行业数据资源互连、互通的大数据交易平台。基于电信大数据交易平台的系统结构图如图 6.1 所示。其中，电信数据交易平台系统接收来自电信运营商的移动用户数据，将数据净化处理后提供给第三方企业应用平台。

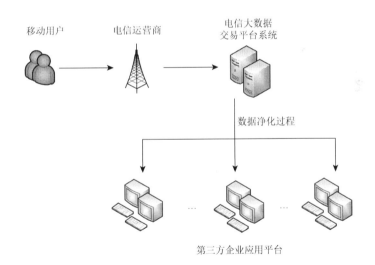

图 6.1　基于电信大数据交易平台的系统结构图

电信大数据交易平台系统的数据净化处理，本质上是针对数据发布应用的隐私保护。为避免传统隐私增强技术的缺点，需要采用基于主动防御策略的隐私设计方法。基于隐私设计方法的数据发布的基本原理：将隐私保护融入数据发布的整个过程中，在确定发布数据中知识的类型以及基于知识提供服务的类型后，主动考虑实际场景中面临的隐私攻击类型，针对性地设计相应的防护方法，有效权衡隐私安全保护与数据可用性，在实现隐私安全保护的同时，最大限度地保证数据的可用性。

电信大数据交易平台系统发布用户移动轨迹数据；轨迹数据中知识的类型是从轨迹数据中挖掘出来的移动性模式以及由其构建的移动性模式网络；实际场景中面临的隐私攻击类型为基于隐私敏感移动性模式网络的位置隐私推理攻击。因此，电信大数据交易平台系统中的隐私设计，既要消除隐私敏感移动性模式网络的推理攻击，又要保证网络的可用性。基本过程如图 6.2 所示。

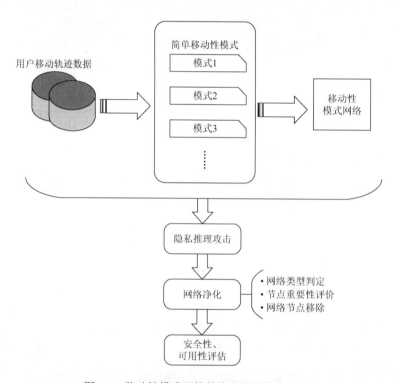

图 6.2　移动性模式网络的隐私设计保护过程

其中，网络类型判定、节点重要性评价及网络节点移除，是隐私敏感移动性模式网络净化过程的关键。评估模型用于实现安全性和可用性的有效平衡。在接下来的章节中，将对这些内容进行详细介绍。

6.2　净化方法设计

针对隐私敏感移动性模式网络的推理攻击模型及场景，设计了一种净化隐私敏感移动性模式网络的方法，具体步骤包括：隐私敏感移动性模式网络类型的判定、关键中枢节点识别、隐私敏感信息净化及净化质量评估等。基本流程如图 6.3 所示。

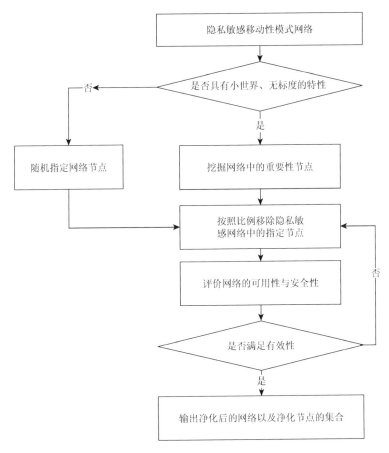

图 6.3　隐私敏感移动性模式网络净化的基本流程

具体过程描述如下：

（1）基于复杂网络的分析方法，计算得到隐私敏感移动性模式网络的节点度分布、平均最短路径及聚集系数等统计特性，并以此判断网络是否具有小世界和无标度的特征。

（2）对于隐私敏感移动性模式网络的节点，考虑其网络结构特征与空间地理权重，设计基于节点中心度的评价指标，并按重要性程度进行排序，得到影响隐私敏感移动性模式网络整体连通性的节点序列。

（3）去除一定比例的关键中枢节点，破坏隐私敏感移动性模式网络的连通性。

（4）设计度量隐私敏感移动性模式网络连通度和安全度的评估模型，并计算相应的参数值评估净化效果。

（5）对于不具有小世界和无标度特征的隐私敏感移动性模式网络，采用随机移除网络节点的方法破坏网络连通性。

（6）通过不断调整移除关键中枢节点的比例值，得到可以实现可用性与安全性最优的节点集合以及最后的净化网络。

6.2.1　网络类型判定

由于电信大数据中移动轨迹数据具有时空尺度大的特点，从中构建的隐私敏感移动性模式网络通常具有复杂的网络结构特性，可能表现为不同形式的复杂网络。

规则网络、随机网络、小世界和无标度网络是典型的复杂网络。小世界和无标度网络相对于规则网络、随机网络具有更加复杂的网络拓扑结构特性，对其净化处理需要采用特殊的方法。判断移动性模式网络是否具有小世界特性、无标度特性是网络净化方法设计的基础。

1. 隐私敏感移动性模式网络的小世界特性判定

通过使用网络最短路径平均值 ASPL 和网络聚集系数 C 两个参数来判定：通过比较这两个参数与具有相同数量节点和边的随机网络 RN 的最短路径平均值 $\mathrm{ASPL_{RN}}$ 和网络聚集系数 C_{RN} 进行判定，如式（6.1）、式（6.2）所示。当满足条件时，判定该网络具有小世界特性。

$$\mathrm{ASPL} \geqslant \mathrm{ASPL_{RN}} \tag{6.1}$$

$$C \gg C_{\mathrm{RN}} \tag{6.2}$$

其中，$\mathrm{ASPL_{RN}}$ 和 C_{RN} 与网络节点数量 n 和平均度数 k 相关，其计算如下所示：

$$\mathrm{ASPL_{RN}} = \frac{\ln n}{\ln k} \tag{6.3}$$

$$C_{\mathrm{RN}} = \frac{k}{n} \tag{6.4}$$

隐私敏感移动性模式网络小世界特性的判断流程如图 6.4 所示。

算法实现的伪代码如下。

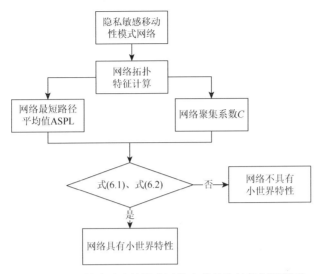

图 6.4 隐私敏感移动性模式网络小世界特性的判断流程

算法 6.1 IsSmallWorld（）

输入：隐私敏感移动性模式网络的邻接矩阵 AM，网络节点数量 n，平均度数 k

输出：true 或 false

1. $\text{ASPL}_{\text{RN}} = \ln n / \ln k$ ；

2. $C_{\text{RN}} = k / n$ ；

3. $\text{ASPL} = \text{AveragePathLength}（\text{AM}）$；

4. $C = \text{Clustering}（\text{AM}）$；

5. $\alpha = \text{ASPL} - \text{ASPL}_{\text{RN}}$ ；

6. $\beta = C - C_{\text{RN}}$ ；

7. if（ $\alpha \geqslant 0 \ \&\& \ \beta > 1000000000000$ ）

8.　 return true；

9. else

10. return false；

其中，第 1 行计算随机网络的最短路径平均值。第 2 行计算随机网络的聚集系数。第 3 行计算隐私敏感移动性模式网络的最短路径平均值。第 4 行计算隐私敏感移动性模式网络的聚集系数。第 5、6 行分别计算随机网络和隐私敏感移动性模式网络的最短路径平均值差值 α 和聚集系数差值 β。第 7～10 行判断 α 和 β 是否满足小世界特性的要求，若满足返回 true，不满足则返回 false。

2. 隐私敏感移动性模式网络的无标度特性判定

无标度网络中节点的度分布为幂律形式，如式（6.5）所示：

$$P(k) \sim k^{-\gamma} \tag{6.5}$$

其中，$P(k)$ 是度分布函数。假如对于任一常数 α 都存在一个常数 β 满足条件 $P(\alpha x) = \beta P(x)$，则 $P(x) = P(1)x^{-\gamma}$ 和 $\gamma = -P(1)/P'(1)$ 成立，即满足幂律分布。隐私敏感移动性模式网络无标度特性的判断流程如图 6.5 所示。

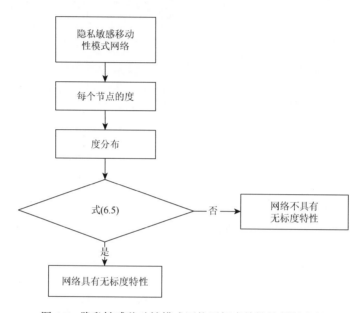

图 6.5　隐私敏感移动性模式网络无标度特性的判断流程

6.2.2　节点重要性排序

隐私敏感移动性模式网络的连通性分析是攻击者执行位置隐私推理攻击的基础，通过移除网络中的节点破坏网络连通性是阻止推理攻击的一种有效方法。对于随机网络可以采用随机移除节点的方法，当达到一定的比例阈值后可实现对网络连通性的完全破坏[130]。

无标度网络对于随机故障（等同于从网络中随机移除若干节点及与之连接的边）表现出健壮性，而对于蓄意攻击（等同于从网络中移除度值高的若干节点及与之连接的边）则显得异常脆弱：只要移除少量的关键节点，网络极大连通分支的节点将近似为 0（即没有极大连通分支）[131]。如图 6.6 所示，其中，图 6.6（a）是一个网络的全局图，图 6.6（b）是移除网络中重要性较小的节点 d 之后的网络连通图，图 6.6（c）是移除网络中重要性较大的节点 g 之后的网络连通图。可以看出，移除具有重要性较大的节点对网络连通性的破坏程度更大。

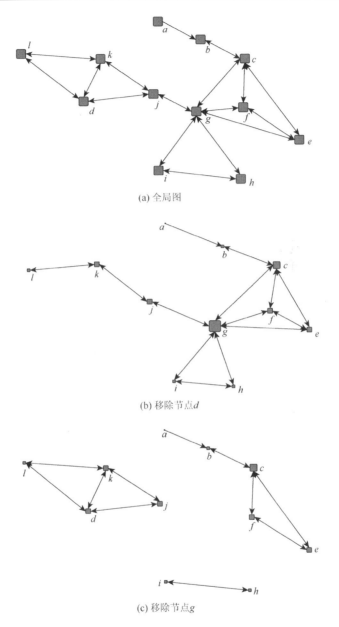

(a) 全局图

(b) 移除节点d

(c) 移除节点g

图 6.6　基于复杂网络的度中心节点的连通性破坏过程

因此，发现隐私敏感移动性模式网络中以度值为指标的中枢节点，并依照中枢节点的重要性依次从网络中移除是设计网络净化方法的关键。

本书以复杂网络相关的统计特性来设计节点重要性指标。隐私敏感移动性模式网络本质上是以地理空间区域为节点，以连接地理空间区域的移动轨迹为边的有向加权地理网络。网络节点的中心度指标，不仅可以反映其到网络中其他节点的便捷程度，还可以表达节点对应空间位置在网络反映的整体空间区域的中心程度[132, 133]。因此，节点的重要程度与节点的中心度成正比。节点中心度的计算，如式（6.6）所示：

$$I_i = \frac{1}{n} \sum_{j=1, i \neq j}^{n} \frac{1}{d_{ij}} \tag{6.6}$$

其中，d_{ij} 为节点 v_i 和 v_j 之间的最短路径长度；n 为隐私敏感移动性模式网络中节点的总数。节点的中心度，为节点到网络中其他节点距离的反比之和的平均值。

此外，节点的重要性还受邻近节点的度、邻近节点的中心度影响，即节点的重要性由节点的中心度、邻近节点的中心度、邻近节点的度这 3 个参数计算获取，如式（6.7）所示：

$$S_i = I_i \times \sum_{j=1, j \neq i}^{n} \frac{\lambda_{ij} D_j I_j}{\langle k \rangle^2} \tag{6.7}$$

其中，I_i 和 I_j 分别表示节点 v_i 和 v_j 的中心度；λ_{ij} 为节点 v_i 所属隐私敏感移动性模式网络的邻接矩阵中第 i 行第 j 列对应的值，值为 1 时表示节点 v_i 和 v_j 相邻，为 0 时则不相邻；D_j 为节点 j 的度数；$\langle k \rangle$ 为整个网络的平均度值。

计算节点重要性，并按节点重要性进行排序的基本流程如图 6.7 所示。

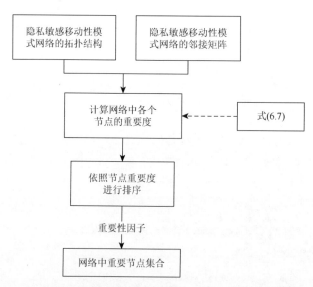

图 6.7　隐私敏感移动性模式网络中节点重要性排序的基本流程

节点重要性排序算法实现的伪代码如下。

算法 6.2　SortVertex（）

输入：隐私敏感移动性模式网络的邻接矩阵 AM

输出：网络中重要节点的集合 KeyVertex

1. ShortestPath $=$ CalculateShortDistance(AM) ；

2. for　$i=1$　to　n

3.　　for　$j=1$　to　$i-1$　and　$j=i+1$　to　n

4.　　　　tmpSum $+=1/d_{ij}$ ；

5.　　end for

6.　　$I_i=$ tmpSum$/n$ ；

7. end for

8. for　$i=1$　to　n

9.　　for　$j=1$　to　n

10.　　　$D_i+=\lambda_{ij}$ ；

11.　　end for

12. end for

13. for　$i=1$　to　n

14.　　for　$j=1$　to　$i-1$　and　$j=i+1$　to　n

15.　　　　tmpSum $+=\lambda_{ij}\times D_j\times I_j$ ；

16.　　end for

17.　　$S_i=I_i\times$ tmpSum ；

18. end for

19. QuickSort(S_i) ；

20. for　$i=1$　to　n

21.　KeyVertex$_i=S_i$ ；

22. end for

其中，第 1 行根据邻接矩阵 AM，由第 5 章中的算法 5.1 计算出任意两点间的最短路径，得到最短路径矩阵 ShortestPath 。第 2~7 行计算得到网络中每个节点的中心度；第 8~12 行计算得到每个节点的度数；第 13~18 行加入节点中心度，得到每个节点的重要度。第 19 行使用快速排序对节点重要度进行排序。第 20、21 行得到排序后的重要节点集合。

6.2.3　净化方法

节点删除和节点扩展是净化网络的两种方案。节点删除可以避免虚假节点的产生，相比于节点扩展，对网络的真实性和可用性破坏程度相对较小。因此，本书采取节点删除方法，按比例删除网络中的重要节点，针对性地破坏网络的连通性。方法实现的过程如图 6.8 所示。

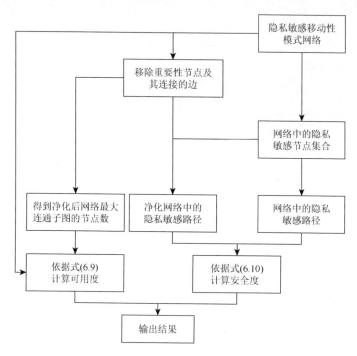

图 6.8　按比例删除网络重要节点的净化方法实现过程

具体过程为：

（1）将具有敏感语义的地理空间数据与隐私敏感移动性模式网络中所有节点对应的空间区域进行叠加分析，获取部分具有隐私敏感特性的空间区域，或者，进一步建立分类模型发现网络中所有具有隐私敏感特性的节点，得到隐私敏感节点的集合。

（2）联合隐私敏感节点的集合与隐私敏感移动性模式网络的邻接矩阵，得到网络净化前的 3 种攻击最短路径距离。

（3）依据重要性因子参数得到待移除节点的集合。

（4）依据待移除节点的集合中的节点，删除隐私敏感移动性模式网络中的节点及对应的边，即将网络邻接矩阵中对应行的值均赋为 0，得到净化后网络的邻接矩阵。

（5）联合隐私敏感节点的集合与净化后网络的邻接矩阵，得到网络净化后的 3 种攻击最短路径距离。

（6）联合净化前后的 3 种攻击最短路径距离，得到安全性度量值。

（7）使用净化后网络的最大连通子图节点数与净化前网络节点数的比值，得到可用性度量值。

隐私敏感移动性模式网络净化算法实现伪代码如下。

算法 6.3　Hiding（）

输入：重要性因子 ε，隐私敏感移动性模式网络的邻接矩阵 AM，敏感节点的集合 SensitiveVertex，按重要性排序的节点集合 KeyVertex

输出：净化后的隐私敏感移动性模式网络的邻接矩阵 AMAfter；网路净化获取的安全度 SD 和以连通比 LP 表示的可用度

1. ReKeyVertex = KeyVertex $\cdot$ length $= n * \varepsilon$

2. for i=0 to（ReKeyVertex $\cdot$ length -1）

3. 　　AMAfter = DeleteInGegree（AM, ReKeyVertex[i]）；

4. 　　AMAfter = DeleteOutGegree（AM, ReKeyVertex[i]）；

5. end for

6. 　$p =$ CountSensitivePath（AM, SensitiveVertex）；

7. 　nAfter = CountSensitivePath（AMAfter, SensitiveVertex）；

8. 　SD $= 1 - \dfrac{p\text{After}}{p}$ ；

9. 　LP = claculateLinkPercent（AM, AMafter）；

其中，第 1 行设定重要性因子 ε，从 KeyVertex 得到需要移除的重要节点集合 ReKeyVertex。其中，ReKeyVertex $\cdot$ length $= n * \varepsilon$，n 为 KeyVertex 中节点的数量。第 2～5 行根据 ReKeyVertex，先后删除隐私敏感移动性模式网络的邻接矩阵 AM 中节点对应的出度（DeleteOutDegree（AM，ReKeyVertex[i]））和入度（DeleteInDegree（AM，ReKeyVertex[i]）），得到净化后网络的邻接矩阵 AMafter。第 6～8 行，通过计算净化前后网络中执行连通性攻击的路径数，得到安全度度量值。第 9 行，通过计算净化后获得的连通比，得到可用度度量值。接下来，详细介绍两种度量指标的计算过程。

6.2.4　可用性与安全性评估

1. 可用性

净化处理的隐私敏感移动性模式网络的可用性，使用网络的连通性进行度量。连通性包括连通率和连通比两个指标。连通率使用净化网络的直径、子网数量和最大子网的最短路径进行计算，计算如式（6.8）所示：

$$L = \frac{\sum_{i=1}^{n} N_i(N_i - 1)}{n \sum_{i=1}^{n} N_i(N_i - 1)d_i} \tag{6.8}$$

其中，L 表示净化后网络的连通率，$0 \leqslant L \leqslant 1$，当网络为完全连通网络时，$L=1$；$n$ 为净化网络后生成子网的数量；N_i 表示第 i 个子网中能连通的最短路径中节点的数量；d_i 表示第 i 个子网的平均最短路径。通常情况下，随着重要节点移除数量的增多，会生成更多的子网，网络中不连通的情况就会变得越多，即连通率 L 的数值会变小。

连通比（link percent，LP），是网络净化后生成的最大连通子图（即节点数最多的子图）的节点数量 N' 与净化前网络节点数量 N 的比值，如下所示：

$$LP = \frac{N'}{N} \tag{6.9}$$

相对于连通率，连通比的计算过程更为快捷，本书在后续的可用性评估模型中使用这一参数，并将连通比 LP 表示的可用度，简称为可用度或可用性，其算法实现伪代码如下。

算法 6.4 calculateLinkPercent（）

输入：隐私敏感移动性模式网络的邻接矩阵 AM，净化后网络的邻接矩阵 AMAfter

输出：最大连通比 LP

```
1. nonDirectionalDist=transfer(AMAfter);
2. maxGraph=findMaxGraph(nonDirectionalDist);
3. NAfter=maxGraph.size();
4. N=AM.length;
5. LP=NAfter/N;
6. return LP;
```

其中，第 1 行根据网络净化后的邻接矩阵，转换生成一个无向图的邻接矩阵。第 2~4 行对无向图矩阵执行最大连通子图算法 findMaxGraph，找到网络净化后的最大连通子图的节点数量。第 5 行将最大连通子图的节点数量与净化前网络的节点数相除，得到网络净化后的最大连通比。

最大连通子图算法 findMaxGraph（）实现伪代码如下。

子算法 findMaxGraph（）

输入：净化后网络的无向邻接矩阵 int[][] nonDirectionalDist

输出：净化后复杂网络中的最大连通子图 ArrayList＜Integer＞maxGraph

```
1. boolean[] visited=new boolean[nonDirectionalDist.length];
2. int depth=0;
```

```
3. ArrayList<Integer>maxGraph=null;
4. for  i=0  to  nonDirectionalDist.length-1
5.  visited[i]=fals;
6. end for
7. for  i=0  to  nonDirectionalDist.length-1
8.  if(!visited[i])
9. ArrayList<Integer>list=new ArrayList<>();
10.    DFS(nonDirectionalDist,i,list);
11.    if(list.size()>depth)
12.      depth=list.size();
13.      maxGraph=list;
14.    end if
15.  end if
16. end for
17. return maxGraph;
```

2. 安全性

连通性分析是攻击者执行位置隐私推理攻击的基础,以隐私敏感节点为源、汇、过渡节点的最短路径是连通性分析的结果。因此,净化隐私敏感移动性模式网络后获取的安全性,以比较净化前后隐私敏感最短路径的距离为参数进行度量。计算如式（6.10）所示:

$$SD = 1 - \frac{\sum_{i=1}^{m}(P'_{S_i} + P'_{G_i} + P'_{C_i})}{\sum_{i=1}^{n}(P_{S_i} + P_{G_i} + P_{C_i})} \tag{6.10}$$

其中,SD（security degree）表示净化隐私敏感移动性模式网络后获取的安全度;P_{S_i}、P_{G_i} 和 P_{C_i} 分别表示网络净化前包含的源攻击、汇攻击、过渡攻击的最短路径的距离;P'_{S_i}、P'_{G_i} 和 P'_{C_i} 分别表示网络净化后的对应值;n 和 m 分别表示净化前后网络的节点数量。

算法实现的伪代码如下。

算法 6.5　calculateSecurityDegree（）

输入:隐私敏感移动性模式网络的邻接矩阵 AM,净化后网络的邻接矩阵 AMAfter,隐私敏感节点的集合 SensitiveVertex

输出:净化网络获取的安全度 SD

```
1. int sum1=CountSensitivePath(AM,SensitiveVertex);
```

```
2.int sum2=CountSensitivePath(AMAfter,SensitiveVertex);
3.return(1-sum2/sum1);
```

其中，第 1、2 行使用 CountSensitivePath 函数，分别获取净化前、后网络中执行 3 类推理攻击的最短路径的距离。第 3 行结合两类距离，使用式（6.10）得到净化网络后获取的安全度。CountSensitivePath 函数的算法实现伪代码如下。

子算法 CountSensitivePath（）

输入：网络的最短路径矩阵 ShortestPathLength，敏感节点的集合 SensitiveVertex

输出：攻击路径距离之和 totalSensitivePath

```
1.int[] pathFrom;
2.int[] pathTo;
3.pathFrom=CountPathFrom(ShortestPathLength,Sensitive
Vertex);
4.pathTo=CountPathTo(ShortestPathLength,SensitiveVertex);
5.pathPassby=CountPathPassby(pathFrom,pathTo,Sensitive
Vertex);
6.int totalSensitivePath;
7.for i=0 to SensitiveVertex.length-1
8.  totalSensitivePath+=pathFrom[i]+pathTo[i]+pathPassby[i];
9.end for
10.return totalSensitivePath;
```

其中，第 1、2 行是变量的初始化。第 3、4 行使用最短路径矩阵 ShortestPathLength 和敏感节点集 SensitiveVertex，分别计算以敏感节点为源攻击、汇攻击的路径距离。第 5 行由源攻击、汇攻击的路径距离计算得到过渡攻击的路径距离。第 6～9 行累加三种最短路径攻击距离。第 10 行返回结果。

6.3　基于 Spark 大数据平台的实现

基于 Spark GraphX 的净化方法实现流程如下：

（1）利用 triangleCount 方法计算整个网络的平均聚集系数，用最短路径算法计算出平均路径长度，从而判断网络是否具有小世界特性；计算网络的度分布是否服从幂律分布，从而判断网络是否具有无标度特性。同时具有两个特性的是复杂网络，执行步骤（2）之后的净化方法，否则执行随机破坏网络的方法。

（2）结合 PageRank 算法的思想识别整个网络的关键性中枢节点，对节点的关键性从大到小进行排序。设置合理的筛选阈值，提取出待删除的关键性节点集合。

（3）利用 subGraph 方法去除待删除的关键性节点集合的节点及与之相连的边，构建净化后的网络。

（4）使用 connectedComponent 算法计算净化后网络的所有连通组件及其对应的节点数量。排序后取出最大连通子图及其节点数量，利用式（6.9）计算连通比。

（5）计算净化前后的隐私敏感最短路径的加权距离，利用式（6.10）计算安全度。

基于 Spark GraphX 的算法实现代码如下。

算法 6.6　NetworkSanitization（weightedgraph，sensitiveSet，δ）

输入：加权的隐私敏感移动性模式网络 weightedgraph，敏感节点集合 sensitiveSet，待删除的关键性节点比例 δ。

输出：净化后的网络 graphAfter，净化后网络的连通度 connectivity 和获取的安全度 security

```
1. SmallWorld(weightedgraph);
2. ScaleFree(weightedgraph);
3. improtantSet=PageRank(weightedgraph);
4. deleteSet=improtantSet.Sort().take(δ);
5. graphAfter=weightedgraph.Filter(deleteSet);
6. connectivity=MaxGraph(GraphAfter).vertices.count()
             /MaxGraph(weightedgraph).vertices.count();
7. security=CalculateSecurity(weightedgraph,graphAfter,
   sensitiveSet,deleteSet);
```

接下来，将对算法中关键步骤的实现过程进行详细的介绍。

6.3.1　网络类型判定

由于基于 Spark GraphX 计算网络的度分布过程比较简单：可以直接使用构建网络图 Graph 的入度和出度属性值进行计算。因此，这里重点关注基于 Spark GraphX 计算网络聚集系数的实现方法。

假如网络中的每个顶点都有一条边和其他节点连接，称网络具有完备性。网络中具有完备性的节点子集称为系。由于计算系的过程通常很复杂，学者提出了新的度量指标，顶点三角形计数是其中的一个重要指标。顶点三角形计数即包含该顶点的三角形数量。Watts 利用一个顶点的实际三角形计数与其可能的三角形计数的比值，定义了一个新的度量指标：局部聚集系数，如式（6.11）所示。

$$C = \frac{2t}{k(k-1)} \tag{6.11}$$

其中，C 表示邻接点为 k、三角形计数为 t 的局部聚集系数。

基于局部聚集系数的网络小世界特性判断的流程如图 6.9 所示。

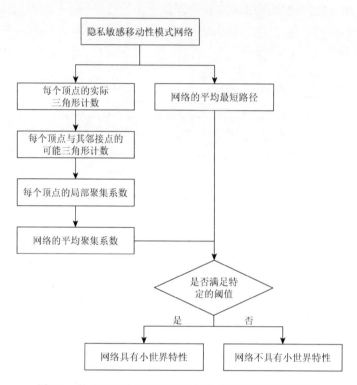

图 6.9 基于局部聚集系数的网络小世界特性判断流程图

基于 Spark GraphX 的算法实现代码如下。

算法 6.7 IsSmallWorld（）

输入：隐私敏感的移动性模式网络 weightedgraph

输出：boolean 值 true 或 false

```
1. triCount=weightedgraph.triangleCount();
2. mayTri=weightedgraph.degrees.mapValues(d=>d*(d-1)/2.0);
3. vertexC=triCount/mayTri;
4. double sum=0;
5. for i=0 to vertexC.count-1
6.   sum+=vertexC(i);
7. end for
8. int N=weightedgraph.vertices.count();
9. double averageC=sum/N;
```

```
10. averageL=CalculateShortPath(weightedgraph);
11. if(averageC≥α && averageL≤β)
12.   return true;
13. else
14.   return false;
```

其中，第 1 行，利用 GraphX 的 triangleCount 方法，获得每个顶点的三角形计数。第 2 行，通过对顶点的度计算得到可能的三角形计数，并对其进行归一化处理。第 3 行，联合 triCount 中的值与归一化后的 mayTri 值，计算局部聚集系数。第 4～9 行，累加所有节点的局部聚集系数，并用总节点数 N 进行平均计算，得到整个网络的平均聚集系数。第 10 行，用最短路径算法计算出整个图的平均最短路径。第 11～14 行，基于小世界网络的特征，判断平均聚集系数和平均最短路径是否都满足阈值，满足返回真，不满足返回假。

6.3.2　节点重要性计算

使用 Spark GraphX 提供的 PageRank 方法[134]，对隐私敏感移动性模式网络中节点的重要性进行计算。PageRank 方法实现的伪代码如下。

算法 6.8　关键性节点识别 PageRank（）

输入：隐私敏感移动性模式网络 weightedgraph

输出：带有 PageRank 贡献值的节点键值对集合 improtantSet

1. int N=weightedgraph.vertices.count（）;

2. for i=0 to N

3. 　$PR(v_i) = \chi \sum_{v_j \in M_{v_i}} \frac{PR(v_j)}{Out(v_j)} + \frac{1-\chi}{N}$;

4. end for

5. for i=0 to N

6. 　improtantSet.add（ v_i ，　$PR(v_i)$ ）;

7. end for

8. return improtantSet;

其中，第 1 行得到网络中的总节点数。第 2～4 行初始化每个节点的 PageRank 值；第 5～7 行，每个节点根据出度值，发送 1/Out 给所连接的顶点，当节点都收到相邻节点发送的 1/Out 后进行累加，并作为当前节点新的 PageRank 值，这一过程循环执行，直至当网络中节点的 1/Out 值与上一次迭代值的差异很小时，则停止迭代。第 8 行，返回结果。

6.3.3　敏感网络净化

由于 Spark GraphX 不能直接破坏网络结构，这里使用 Spark 的 API-subgraph 过滤操作，产生新的子图（subgraph）作为净化后的网络。

subgraph 使用两种判定函数（返回值为 Boolean 类型）作为参数：一个是针对边的判定函数 epred，其接收传入 EdgeTriplet 参数。epred 用于过滤掉网络中具有独立顶点或缺失顶点属性信息的边。另一个是针对顶点的判定函数 vpred，其接收传入（VertexId，VD）参数。vpred 可用于过滤掉网络中的"超级节点"。epred 与 vpred 可以同时使用，也可以单独使用。如果只传入针对顶点的判定函数 vpred，当顶点的相邻节点都被过滤后，它们之间的边也被自动过滤。

基于 Spark GraphX 中的 subgraph 函数的敏感网络净化算法实现如下。

算法 6.9　DeleteImportantSet（）

输入：隐私敏感移动性模式网络 weightedgraph，带有 PageRank 贡献值的节点键值对集合 improtantSet，设置的敏感性节点比例 σ，删除关键性节点的比例 δ

输出：净化后的新网络 graphAfter

1. `sortedSet=improtantSet.Sort();`
2. `row=dataset.split();`
3. `sourceID=row(0).toInt();`
4. `destinationID=row(1).toInt();`
5. `sumID=sourceID.union(destinationID).distinct();`
6. `sensinum=σ*sumID.count()`
7. `sensitiveSet=sumID.takeSample(false,sensinum.toInt)`
8. `deleteCount=`δ`*sumID.count();`
9. `deleteSet=sortedSet.take(deleteCount);`
10. `judgevalue=deleteSet.last().get(value);`
11. `graphAfter=weightedgraph.subgraph(value>=judgevalue);`
12. `return graphAfter;`

算法 6.9 中为了发现净化方法与网络中具有隐私敏感属性节点数量之间的关系，使用敏感性节点比例参数 σ，从网络中随机选择节点作为敏感节点，形成敏感节点集合 sensitiveSet。

其中，第 1 行将网络中所有节点按照 PageRank 贡献值进行降序排列得到 sortedSet。第 2～5 行计算整个网络中不重复节点的数量 sumID.count（）。第 6、7 行根据选择的 σ 参数随机选取一定数量的节点作为敏感节点集合 sensitiveSet。第 8、9 行根据 δ 参数从排序后的节点集合 sortedSet 中，筛选出前 δ*sumID.count（）

个节点作为需要删除的关键性节点集合 deleteSet。第 10 行计算出待删除的重要性节点集合 deleteSet 中最小的 PageRank 值，作为筛选阈值。第 11、12 行根据筛选阈值去除 PageRank 值大于等于阈值的所有节点，构建净化后的网络 graphAfter。

6.3.4　可用性与安全性评估

1. 可用性

使用 Spark 中的连通组件技术能够在网络中寻找到单独的连通部分，进一步得到网络中所有连通子图的数量及每一个子图的节点数量。如图 6.10 所示，其中包括 3 个连通子图，对应的节点数量分别是 3、4、1。

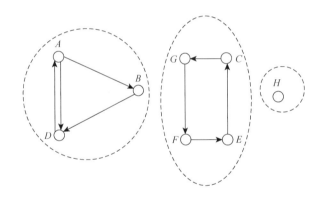

图 6.10　网络中的连通组件

连通组件的计算有广度优先和深度优先两种搜索策略。本书采用广度优先策略，搜索过程中使用队列记录每次访问的顶点。Spark GraphX 利用 ConnectedComponents 和 StronglyConnectedComponents 接口进行连通组件计算。

具体的计算过程：①每一次将自身的 ID 数据传送给相邻的节点。②在归并和更新的过程中保存最小的 ID。③当网络中任意两边传送的 ID 相同时，停止迭代过程。④对连通组件每个部分包含的节点数进行排序，计算得到节点数量最多的连通组件，即最大连通子图。

基于 Spark 连通组件技术实现净化网络可用度计算的算法如下。

算法 6.10　calculateConnectivity（）

输入：隐私敏感移动性模式网络 weightedgraph，净化后的网络 graphAfter

输出：净化后的最大连通比 connectivity

```
1. num1Set=ConnectedComponents(weightedgraph);
2. num2Set=ConnectedComponents(graphAfter);
3. int maxcount=num1Set.sort().take(1);
4. int maxcountafter=num2Set.sort().take(1);
5. double connectivity=maxcountafter/maxcount;
6. ruturn connectivity;
```

其中，第 1、2 行分别得到初始网络和净化后网络的所有连通组件 num1Set 和 num2Set。第 3、4 行依据 num1Set 和 num2Set 包含节点的数量进行降序排列。第 5 行根据式（6.9）计算最大连通比，得到可用度度量值。

2. 安全性

基于 Spark GraphX 实现评估净化后网络安全性的代码如下。

算法 6.11　CalculateSecurity（）

输入：隐私敏感移动性模式网络 weightedgraph，净化后的网络 graphAfter，敏感节点集合 sensitiveSet，已经删除的关键性节点 deleteSet

输出：净化后的安全度 security

```
1. int sum=0;
2. for i=0 to sensitiveSet.count-1
3.    length=CalculateShortDistance(weightedgraph,sensiti
veSet(i));
4.    sum+=length;
5. end for
6. for i=0 to deleteSet.count-1
7.    sensitiveAfter=sensitiveSet.filter(deleteSet(i);
8. end for
9. int sumafter=0;
10. for i=0 to sensitiveAfter.count-1
11.    lengtha=CalculateShortDistance(graphAfter,sensitive
After(i));
12.    sumafter+=lengtha;
13. end for
14. security=1-sumafter/sum;
15. return security;
```

其中，第 1～5 行遍历所有的敏感节点，利用最短路径算法计算得到 3 种攻击场景下的最短路径距离。第 6～8 行从敏感节点集合 sensitiveSet 中过滤掉已经删除的关键节点集合 deleteSet，得到净化网络中包含的敏感节点集合 sensitiveAfter。第 9～13 行遍历净化后的敏感节点集合 sensitiveAfter，得到净化后网络中包含的 3 种攻击场景下的最短路径距离。第 14、15 行根据式（6.10）得到安全度，并返回结果。

接下来，用一个具体的实例，给出基于上述算法进行网络净化及性能评估的过程。

6.3.5　实例分析

图 6.11 是一个隐私敏感移动性模式网络。其中，包括 A～I 共 9 个节点。设定敏感性比例 σ 为 0.2，则网络中应包括敏感节点的数量为 $0.2 \times 9 = 1.8 \approx 2$。从网络的 9 个节点中随机选择，假定选择节点 B、F 为敏感节点，构建敏感节点集合 sensitiveSet 为（B，F）。接下来的净化及性能评估过程如下。

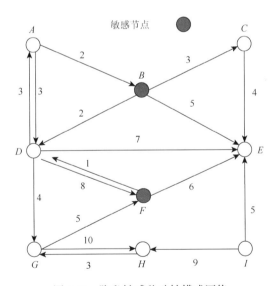

图 6.11　隐私敏感移动性模式网络

（1）依据算法 6.8，计算 9 个节点的 PageRank 贡献值，得到节点键值对集合 importantSet 为（(D, 0.585075749987502)，(A, 0.273993131903 73026)，(F, 0.5761086966706445)，(C, 0.22487163638337776)，(G, 0.7118453237255772)，(I, 0.15)，(H, 0.5158655647669143)，(E, 0.8469774872381485)，(B, 0.26567468663411564)）。

（2）按 PageRank 贡献值对 importantSet 进行降序排列得到节点键值对集

合 sortedSet 为 ((E, 0.8469774872381485), (G, 0.7118453237255772), (D, 0.585075749987502), (F, 0.5761086966706445), (H, 0.5158655647669143), (A, 0.27399313190373026), (B, 0.26567468663411564), (C, 0.22487163638337776), (I, 0.15))。

（3）将节点的关键性比例 δ 设置为 0.2，对应得到需要移除节点的数量为 $0.2 \times 9 \approx 2$，依照 PageRank 贡献值排序，应移除节点为 E、G，得到待删除的关键性节点的键值对集合 deleteSet 为 ((E, 0.8469774872381485), (G, 0.7118453237255772))。移除节点 E、G 后得到净化后的网络 graphAfter，如图 6.12 所示。

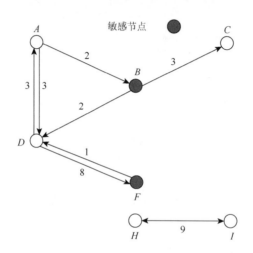

图 6.12　移除节点 E、G 后得到的净化后的网络

接下来根据算法 6.10 和算法 6.11 评估净化网络后获得的可用性和安全性。

（4）净化前最大连通图的节点数量为 9，净化后最大连通图包含的节点是 A、B、C、D、F，共 5 个节点，基于可用性的评价公式（6.9），计算得到的可用度为

$$\text{connectivity} = \frac{N_{\text{after}}}{N} = \frac{5}{9} \approx 0.556。$$

（5）依据第 5 章中的算法 5.2～算法 5.4，分别计算得到图 6.11 中包含的源攻击、汇攻击、过渡攻击的最短路径及加权距离，分别如表 6.1～表 6.3 所示，进一步计算三类攻击路径的距离：

$$P_{\text{s}} = 5+3+2+5+10+6+16+4+6+9+1+6+5+15 = 93$$

$$P_{G} = 2+5+6+11+14+23+11+10+8+5+8+17 = 120$$

$$P_{C} = 5+4+7+12+8+18+8+10+9+11+14+16+17+19+26$$
$$+28+17+16+14+9+11+14+6+11+12+14+17+9+14 = 376$$

表 6.1　敏感节点为源节点的最短攻击路径及加权距离

起始节点（敏感）	终止节点（攻击）	最短攻击路径	加权距离
	A	$B \to D \to A$	5
	C	$B \to C$	3
	D	$B \to D$	2
B	E	$B \to E$	5
	F	$B \to D \to F$	10
	G	$B \to D \to G$	6
	H	$B \to D \to G \to H$	16
	A	$F \to D \to A$	4
	B	$F \to D \to A \to B$	6
	C	$F \to D \to A \to B \to C$	9
F	D	$F \to D$	1
	E	$F \to E$	6
	G	$F \to D \to G$	5
	H	$F \to D \to G \to H$	15

表 6.2　敏感节点为汇节点的最短攻击路径及加权距离

起始节点（攻击）	终止节点（敏感）	最短攻击路径	加权距离
A		$A \to B$	2
D		$D \to A \to B$	5
F	B	$F \to D \to A \to B$	6
G		$G \to F \to D \to A \to B$	11
H		$H \to G \to F \to D \to A \to B$	14
I		$I \to H \to G \to F \to D \to A \to B$	23
A		$A \to D \to F$	11
B		$B \to D \to F$	10
D	F	$D \to F$	8
G		$G \to F$	5
H		$H \to G \to F$	8
I		$I \to H \to G \to F$	17

表 6.3　敏感节点为过渡节点的最短攻击路径及加权距离

起始节点（攻击）	过渡节点（敏感）	终止节点（攻击）	最短攻击路径	加权距离
A		C	$A \rightarrow B \rightarrow C$	5
A		D	$A \rightarrow B \rightarrow D$	4
A		E	$A \rightarrow B \rightarrow E$	7
A		F	$A \rightarrow B \rightarrow D \rightarrow F$	12
A		G	$A \rightarrow B \rightarrow D \rightarrow G$	8
A		H	$A \rightarrow B \rightarrow D \rightarrow G \rightarrow H$	18
D		C	$D \rightarrow A \rightarrow B \rightarrow C$	8
D	B	E	$D \rightarrow A \rightarrow B \rightarrow E$	10
F		C	$F \rightarrow D \rightarrow A \rightarrow B \rightarrow C$	9
F		E	$F \rightarrow D \rightarrow A \rightarrow B \rightarrow E$	11
G		C	$G \rightarrow F \rightarrow D \rightarrow A \rightarrow B \rightarrow C$	14
G		E	$G \rightarrow F \rightarrow D \rightarrow A \rightarrow B \rightarrow E$	16
H		C	$H \rightarrow G \rightarrow F \rightarrow D \rightarrow A \rightarrow B \rightarrow C$	17
H		E	$H \rightarrow G \rightarrow F \rightarrow D \rightarrow A \rightarrow B \rightarrow E$	19
I		C	$I \rightarrow H \rightarrow G \rightarrow F \rightarrow D \rightarrow A \rightarrow B \rightarrow C$	26
I		E	$I \rightarrow H \rightarrow G \rightarrow F \rightarrow D \rightarrow A \rightarrow B \rightarrow E$	28
A		E	$A \rightarrow D \rightarrow F \rightarrow E$	17
B		E	$B \rightarrow D \rightarrow F \rightarrow E$	16
D		E	$D \rightarrow F \rightarrow E$	14
G		A	$G \rightarrow F \rightarrow D \rightarrow A$	9
G		B	$G \rightarrow F \rightarrow D \rightarrow A \rightarrow B$	11
G		C	$G \rightarrow F \rightarrow D \rightarrow A \rightarrow B \rightarrow C$	14
G	F	D	$G \rightarrow F \rightarrow D$	6
G		E	$G \rightarrow F \rightarrow E$	11
H		A	$H \rightarrow G \rightarrow F \rightarrow D \rightarrow A$	12
H		B	$H \rightarrow G \rightarrow F \rightarrow D \rightarrow A \rightarrow B$	14
H		C	$H \rightarrow G \rightarrow F \rightarrow D \rightarrow A \rightarrow B \rightarrow C$	17
H		D	$H \rightarrow G \rightarrow F \rightarrow D$	9
H		E	$H \rightarrow G \rightarrow F \rightarrow E$	14
I		A	$I \rightarrow H \rightarrow G \rightarrow F \rightarrow D \rightarrow A$	21

续表

起始节点 （攻击）	过渡节点（敏感）	终止节点 （攻击）	最短攻击路径	加权距离
I		B	$I \rightarrow H \rightarrow G \rightarrow F \rightarrow D \rightarrow A \rightarrow B$	23
I	F	C	$I \rightarrow H \rightarrow G \rightarrow F \rightarrow D \rightarrow A \rightarrow B \rightarrow C$	26
I		D	$I \rightarrow H \rightarrow G \rightarrow F \rightarrow D$	18
I		E	$I \rightarrow H \rightarrow G \rightarrow F \rightarrow E$	23

（6）同样，依据第 5 章中的算法 5.2～算法 5.4，分别计算得到图 6.12 中包含的源攻击、汇攻击、过渡攻击的最短攻击路径及加权距离，分别如表 6.4～表 6.6 所示，进一步计算三类攻击路径的距离：

$$P_S'=5+3+2+10+4+6+9+1=40$$
$$P_G'=2+5+6+11+10+8=42$$
$$P_C'=5+4+12+8+9=38$$

表 6.4　敏感节点为源节点的最短攻击路径及加权距离（净化后）

起始节点（敏感）	终止节点（攻击）	最短攻击路径	加权距离
	A	$B \rightarrow D \rightarrow A$	5
B	C	$B \rightarrow C$	3
	D	$B \rightarrow D$	2
	F	$B \rightarrow D \rightarrow F$	10
	A	$F \rightarrow D \rightarrow A$	4
F	B	$F \rightarrow D \rightarrow A \rightarrow B$	6
	C	$F \rightarrow D \rightarrow A \rightarrow B \rightarrow C$	9
	D	$F \rightarrow D$	1

表 6.5　敏感节点为汇节点的最短攻击路径及加权距离（净化后）

起始节点（攻击）	终止节点（敏感）	最短攻击路径	加权距离
A		$A \rightarrow B$	2
D	B	$D \rightarrow A \rightarrow B$	5
F		$F \rightarrow D \rightarrow A \rightarrow B$	6
A		$A \rightarrow D \rightarrow F$	11
B	F	$B \rightarrow D \rightarrow F$	10
D		$D \rightarrow F$	8

表 6.6　敏感节点为过渡节点的最短攻击路径及加权距离（净化后）

起始节点（攻击）	过渡节点（敏感）	终止节点（攻击）	最短攻击路径	加权距离
A		C	$A \to B \to C$	5
A		D	$A \to B \to D$	4
A	B	F	$A \to B \to D \to F$	12
D		C	$D \to A \to B \to C$	8
F		C	$F \to D \to A \to B \to C$	9

（7）基于安全性的评价式（6.10），计算得到的安全度为

$$SD = 1 - \frac{\sum_{i=1}^{m}(P_S' + P_G' + P_C')}{\sum_{i=1}^{n}(P_S + P_G + P_C)} = 1 - \frac{40 + 42 + 38}{93 + 120 + 376} \approx 0.7963$$

6.4　实验结果与分析

6.4.1　实验数据

实验选择 10 个批次的移动轨迹数据（表 6.7），执行序列模式挖掘算法得到对应的 10 个批次的序列模式（表 6.8），采用 Spark GraphX 构建 10 个批次序列模式数据对应的移动性模式网络，图形显示如图 6.13 所示。10 个批次移动性模式网络的基本网络特征参数如表 6.9 所示。从表 6.9 可以看出 10 个批次移动性模式网络的平均聚集系数在 0.4 左右，平均最短路径在 2 左右，符合小世界特性。进一步计算得到网络的度分布服从幂律分布，符合无标度特性。

表 6.7　10 个批次的移动轨迹数据

批次	用户数量	轨迹点数量
1	995	2173
2	993	2115
3	997	2205
4	995	2152
5	995	2120
6	994	2085
7	997	2132

续表

批次	用户数量	轨迹点数量
8	992	2184
9	997	2188
10	994	2171

表 6.8　对应的 10 个批次的序列模式

批次	序列模式数量
1	602
2	736
3	568
4	675
5	691
6	755
7	739
8	656
9	610
10	613

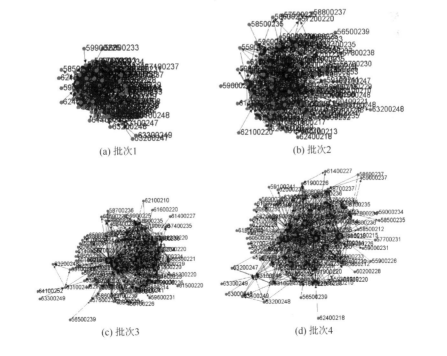

(a) 批次1　　　　　　　　　(b) 批次2

(c) 批次3　　　　　　　　　(d) 批次4

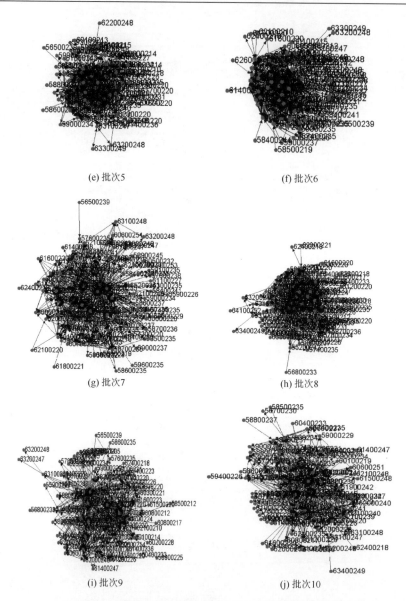

图 6.13　10 个批次序列模式数据对应的移动性模式网络

表 6.9　10 批次移动性模式网络的基本网络特征参数

不同批次	平均聚集系数	平均最短路径	平均度数
1	0.3961	2.28	5.96
2	0.4009	2.40	6.63
3	0.4062	2.26	6.11

不同批次	平均聚集系数	平均最短路径	平均度数
4	0.4198	2.30	6.49
5	0.4315	2.29	7.20
6	0.4280	2.26	7.06
7	0.4398	2.25	6.97
8	0.3603	2.34	6.19
9	0.4277	2.33	6.16
10	0.3970	2.34	5.95

此外，10 个批次移动性模式网络中具有敏感属性节点，采用按比例随机选取的方法确定，将其对应转换为 10 个批次的隐私敏感移动性模式网络。

6.4.2　结果分析

实验包括 3 个方面：①关键性比例因子变化对网络特征的影响。②关键性比例因子变化对网络可用性和安全性的影响。③敏感性比例因子变化对网络可用性和安全性的影响。

1. 关键性比例因子变化对网络特征的影响

实验对 10 个批次的隐私敏感移动性模式网络进行净化处理，通过将关键性比例因子从 0.05～0.5 进行调整，分析净化后网络的基本网络特征参数随关键性比例因子的变化规律。其中，平均聚集系数、平均度数和平均最短路径随关键性比例因子变化的规律分别如图 6.14～图 6.16 所示。

从图 6.14 可以看出，对于 10 个批次的隐私敏感移动性模式网络，随着关键性比例因子的增大，净化后网络的平均聚集系数呈现了明显的下降趋势。分析其原因：随着关键性比例因子增加，删除的节点数量增多，网络结构被破坏的程度增大。由于平均聚集系数与节点之间联系的紧密程度有关，关键性节点的删除影响了节点与其相邻节点之间连接的数量，因此网络的平均聚集系数逐渐下降。

从图 6.15 可以看出，随着关键性比例因子的增大，网络的平均度数显示了与平均聚集系数相似的规律。这主要归因于平均度数与平均聚集系数反映的紧密程度类似，也反映节点之间的相互作用力。

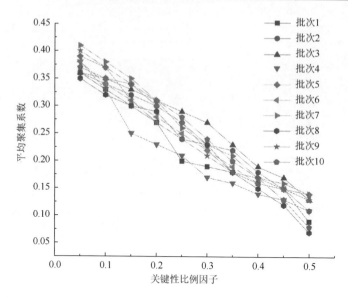

图 6.14　平均聚集系数随关键性比例因子的变化规律（详见书后彩图）

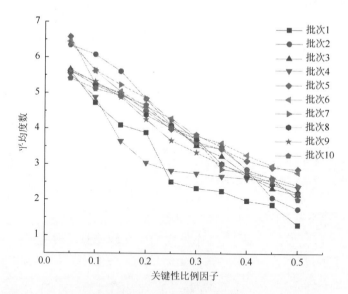

图 6.15　平均度数随关键性比例因子的变化规律（详见书后彩图）

　　从图 6.16 可以看出，随着关键性比例因子的增大，网络的平均最短路径的变化幅度很小（在 0.5 范围内），不过整体趋势表现为轻微的下降。分析其原因：节点之间存在很多互相连通的路径，最短路径只是其中加权距离最短的一条。因此，某些节点的删除不会很大程度地影响节点之间的平均最短路径，即原来的一条最

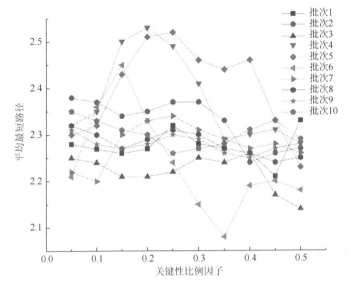

图 6.16　平均最短路径随关键性比例因子的变化规律（详见书后彩图）

短路径无法使用时可以选择其他路径。另外，从图 6.16 还发现：对于 10 个批次的隐私敏感移动性模式网络，净化后网络的平均最短路径基本维持在一个较小的值（2 左右），仍符合小世界网络的特性。

综上所述，随着关键性比例因子的增大，平均聚集系数和平均度数都不断下降，表明净化方法使节点间的相互作用力和网络的紧密程度受到了破坏。同时，平均最短路径并没有受关键性比例因子的影响，表明网络在不断净化的过程中始终保持了复杂网络小世界的特性。

2. 关键性比例因子变化对网络可用性和安全性的影响

实验分析 10 个批次隐私敏感移动性模式网络，净化后获取的可用性和安全性随着关键性比例因子从 0.05～0.5（每次增加 0.05）调整时呈现的变化规律。结果如图 6.17 和图 6.18 所示。

从图 6.17 可以看出，10 个批次的隐私敏感移动性模式网络，净化后获取的可用性，随着关键性比例因子的逐渐增大，都呈现出下降趋势。其中，当关键性比例因子为 0.05～0.3 时，呈现快速下降趋势。而当关键性比例因子为 0.3～0.5 时，变化趋于平稳。

从图 6.18 可以发现，随着关键性比例因子的逐渐增大，10 个批次的隐私敏感移动性模式网络，净化后获取的安全性逐渐呈现出上升趋势。其中，当关键性比例因子为 0.05～0.25 时，呈现快速上升趋势。而当关键性比例因子为 0.25～0.5

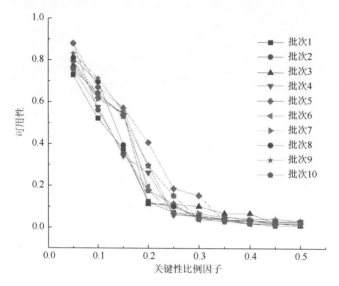

图 6.17　可用性随关键性比例因子的变化规律（详见书后彩图）

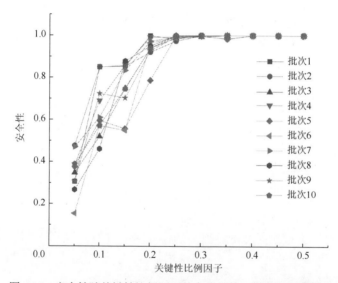

图 6.18　安全性随关键性比例因子的变化规律（详见书后彩图）

时，变化平稳，逐渐趋于 1。安全值为 1，表明网络的敏感性被彻底消除。因此，可以完全对抗基于隐私敏感移动性模式网络的推理攻击。

综合分析图 6.17、图 6.18 中变化规律的原因：关键性比例因子越大，网络净化过程中需要删除的节点越多，网络的连通性破坏程度越高。因此，综合表现为净化网络的可用性变小，而获取的安全性变大。但是，当关键性比例因子到达一定的阈值后，网络连通性破坏的程度也会达到极限，一方面表现为净化后网络中可能不再有最大连通子图，因此可用性度量值也不再变化，渐趋于 0。另一方面，随着关键性比例因子的增加，当移除的关键节点中近似包含了所有的隐私敏感节点时，净化后的网络也就不再包含任何可用于推理攻击的最短路径，因此安全性度量值也就变化平稳，渐趋于 1。

　　安全性的增加是期望的，而可用性的降低则可以看成净化方法的副作用。因此，这里猜想能否通过调整关键性比例因子，获取可用性与安全性的最优值。设计以可用性 + 安全性的均值作为综合性能的度量值。实验结果如图 6.19 所示。

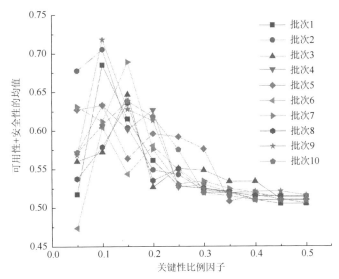

图 6.19　可用性 + 安全性的均值随关键性比例因子的变化规律（详见书后彩图）

　　从图 6.19 可以看出，随着关键性比例因子的逐渐增大，10 个批次的隐私敏感移动性模式网络的可用性 + 安全性的均值都呈现出先快速上升到一个峰值（0.05～0.15），再迅速下降（0.15～0.35），最后渐趋平稳（0.35～0.5）的趋势。这表明对于每个批次的网络，都可以通过设置一个合适的关键性比例因子，获取一个可用性与安全性的最优值，即实现可用性与安全性的最优平衡。综上表明，提出的净化方法具有一定的可用性和有效性。

3. 敏感性比例因子变化对网络可用性和安全性的影响

　　敏感性比例是网络中敏感节点数量与总节点数量的比值，能够用来表征不同敏感程度的网络结构。本实验固定关键性比例因子，调整敏感性比例因子从 0.05～0.5（每次增加 0.05），分析净化 10 个批次的隐私敏感移动性模式网络获取的可用性和安全性的变化规律，结果如图 6.20 和图 6.21 所示。

　　由图 6.20 可以看出，随着敏感性比例因子的增大，10 个批次的隐私敏感移动性模式网络的可用性数值均保持在一条直线上，表明可用性度量值并没有受到敏感性比例因子变化的影响。分析其原因：净化方法依照关键性比例因子，设定从网络中移除节点的数量。当固定关键性比例因子后，移除关键性节点的数量和具体的节点集合也就确定了，并不受敏感性比例因子变化（即网络中具有隐私敏感属性节点的变化）的影响。最终净化网络的可用性不发生变化。

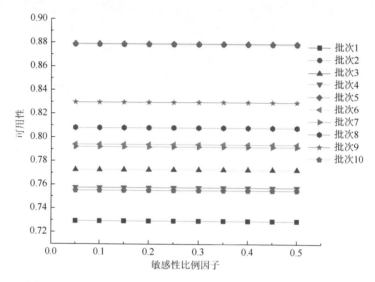

图 6.20　可用性随敏感性比例因子的变化规律（详见书后彩图）

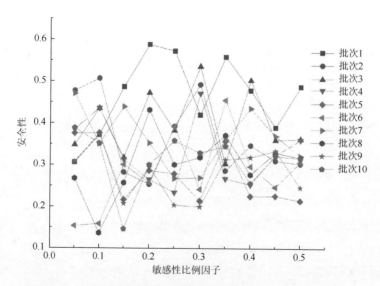

图 6.21　安全性随敏感性比例因子的变化规律（详见书后彩图）

　　由图 6.21 可以看出，随着敏感性比例因子的逐渐增大，10 个批次的安全性数值没有呈现明显的规律性，每条折线都出现小范围的波动，整体保持在 0.1～0.6。分析其原因：从网络节点中随机选取敏感节点，随着敏感性比例因子的增加，网络中具有隐私敏感属性的节点数量也将增加。但是，这对设定要去除的关键节点集合的影响很小。这主要归因于 10 个批次的隐私敏感移动性模式网络都具有无标度的特性，即具有更高重要性的关键节点实际上只是网络中大量节点的很小一部分。因此，即使调高敏感性比例因子，也很难显著增加其在关键性节点集合中的比例，最终使净化网络获取的安全度并未呈现明显的变化规律。

　　综上表明，提出的净化方法能够适应具有不同敏感程度的网络结构，方法具有一定的普适性。

第 7 章　总结与展望

7.1　总　　结

挖掘分析电信大数据中的用户移动轨迹数据，发现具有语义隐喻信息的移动性模式，可为企业管理提供一定的辅助决策，为地理信息科学等领域的工作者开展科学研究提供一定的支持。但是，只分析单一的简单移动性模式，或者独立分析简单移动性模式集合中的单一模式，很难找出模式间的关联关系和整体结构特性。发现隐藏在复杂空间系统中的移动性模式网络，分析移动性模式网络的结构特征（如聚集系数、节点度、中心性等），有助于了解复杂系统中人口流动与资源、经济等动态变化特征之间关系的宏观特征，掌握复杂系统运行的动力学机制，为交通、医疗、信息等诸多领域的行业应用提供有效的辅助决策。

首先，介绍了两种构建移动性模式网络的方法：基于序列模式挖掘的方法和基于图挖掘的方法。两种方法都采用并行图计算平台 Spark GraphX 进行实验。实验发现：基于序列模式挖掘的方法具有可用性强、有效性高的优点。具体表现在：构建的移动性模式网络节点聚集程度高、网络连通性强，更易找出网络中多次被访问的、较为重要的节点，从而更清晰地刻画网络内部结构特征。

基于移动性模式网络的分析具有显著的优越性。但是，还应看到基于移动性模式网络分析的潜在威胁：当移动性模式网络节点对应的空间区域涉及隐私敏感区域时，移动性模式网络就会具备相应的隐私敏感属性。通过分析隐私敏感移动性模式网络，攻击者能够推断用户的个人位置隐私信息。同时，由于隐私敏感移动性模式网络具有复杂的网络拓扑结构，基于隐私敏感移动性模式网络的推理攻击更具威胁性和隐蔽性。研究应对基于隐私敏感移动性模式网络推理攻击的防护方法，成为一项具有挑战性的课题。设计防护方法中，最为关键的一点是找出网络中所有具有隐私敏感属性的节点，对网络中节点对应空间区域的属性分类是一种有效的方式。

其次，介绍了一种基于时空及网络特征的隐私敏感空间区域分类方法。在分析传统的基于空间数据叠加、遥感影像特征及移动轨迹数据时空特征分类方法缺点的基础上，设计了一种综合考虑时空及网络特征对空间区域隐私敏感属性进行分类的方法，并利用 Spark MLlib 的 DecisionTreeClassification 分类模型进行实验。实验结果表明：当训练数据与测试数据的比值为 8：2 时分类的精度达到最佳；综合考虑时空特征和网络特征较之只考虑单一特征的方法，具有更好的分类性能。

隐私设计方法区别于传统的隐私增强技术，其采用主动防御策略，可在保证隐私保护的同时，实现隐私保护数据的最大可用性。消除隐私敏感移动性模式网络威胁的隐私设计方法的基本原理：主动考虑实际场景中面临的隐私攻击类型，有目的地设计对应的方法。

再次，分析了基于隐私敏感移动性模式网络的推理攻击问题。定义了包括攻击者与被攻击者、目的隐私信息、数据获取及分析能力、背景知识、推理攻击能力 5 部分内容的推理攻击模型，并给出了基于隐私敏感移动性模式网络连通性分析，执行源、汇、过渡 3 种类型位置隐私推理攻击的场景。同时，分析了社交网络的净化方法、直接移除网络中隐私敏感节点方法的特点，指出其不能有效应对基于隐私敏感移动性模式网络推理攻击的问题。

最后，提出了隐私敏感移动性模式网络推理攻击的净化方法，包括关键中枢节点的排序、按比例去除节点、评价网络的可用性和安全性等。实验结果表明：通过调整关键性比例因子不仅可以实现隐私敏感移动性模式网络的完全净化，还可以实现可用性和安全性的有效平衡。另外，净化方法在敏感网络结构方面还具有一定的普适性。

研究成果对于推动电信大数据交易平台的建设，促进地理信息科学、社会公共安全管理等领域开展隐私保护的知识挖掘和分析研究具有一定的价值。

7.2　展　　望

随着智能终端使用规模的日益扩大，移动轨迹数据更具复杂性及多样性。这将对移动轨迹数据的隐私保护研究提出更高的要求。如何设计出更具有效性和发展性的隐私保护方法，是一个新的研究课题。作者将在今后的研究中持续关注这一方向。另外，由于时间和技术等方面的原因，本书设计的内容在以下几个方面还有待进一步研究：

（1）对于本书设计并实现了的两种移动性模式网络构建方法，还需要在方法原理方面进行深入的理论分析和论证。

（2）本书提出的净化方法属于知识级别，如何与目前流行的社交网络中面向数据级别的标识攻击方法进行有效的集成融合，需进一步研究。

（3）本书提出的净化方法目前只针对隐私敏感移动性模式网络结构的修改，需进一步研究如何将其应用于对原始轨迹数据的修改，为原始轨迹数据的发布奠定基础。

（4）实验环境中的数据规模、网络硬件环境与实际应用中的环境有很大的差距。因此，需要加强方法的推广应用，在实际环境中进一步检验算法的性能。

参 考 文 献

[1] Big Data Public Private Forum. Big data technical working groups white paper[J/OL]. http: //big-project.eu/sites/default/files/BIG_D2_2_2.pdf [2017-10-5].

[2] 中国信息通信研究院. 中国大数据发展调查报告（2015 年）[EB/OL]. http：//www.catr. cn/kxyj/qwfb/ztbg/201804/t20180426_158200.htm[2017-10-5].

[3] TalkingData2016 年移动智能终端市场发展报告[EB/OL].http：//ww.doc88.com/p-5387498107336.html[2017-10-5].

[4] Xu D L. The research on the data mining technology application on telecom customer analysis[J]. Microcomputer Information，2007.

[5] Phithakkitnukoon S，Dantu R. Predicting calls-new service for an intelligent phone[C]. IFIP/IEEE International Conference on Management of Multimedia Networks and Services，San Jose，2007.

[6] Phithakkitnukoon S，Dantu R. CPL：Enhancing mobile phone functionality by call predicted list[C]. OTM Confederated International Workshops and Posters on the Move to Meaningful Internet Systems，Monterrey，2008.

[7] 史斌，周双阳. 电信行业如何应用大数据[J]. 通信世界，2013，（20）：47.

[8] 石立兴. 基于 CDRs 大数据的用户移动性分析[D]. 合肥：中国科学技术大学，2015.

[9] 杨明川，贾元昕. 电信大数据的研究与应用[J]. 信息化建设，2016，（4）：23-25.

[10] Azevedo T S，Bezerra R L，Campos C A V，et al. An analysis of human mobility using real traces[C]. 2009 IEEE Wireless Communications and Networking Conference，Budapest，2009.

[11] Pu J S，Xu P P，Qu H M，et al. Visual analysis of people's mobility pattern from mobile phone data[C]. Proceedings of the 2011 Visual Information Communication-International Symposium，Hong Kong，2011.

[12] Jo H H，Karsai M，Karikoski J，et al. Spatiotemporal correlations of handset-based service usages[J]. EPJ Data Science，2012，1：10.

[13] Witayangkurn A，Horanont T，Shibasaki R. The design of large scale data management for spatial analysis on mobile phone dataset[J]. Asian Journal of Geoinformatics，2013，13（3）：17-24.

[14] Dobra A，Williams N E，Eagle N. Spatiotemporal detection of unusual human population behavior using mobile phone data[J]. PloS One，2014，10（3）：1-40.

[15] Blondel V D，Decuyper A，Krings G. A survey of results on mobile phone datasets analysis[J]. EPJ Data Science，2015，4（1）：1-55.

[16] Calabrese F, Lorenzo G D, Liu L, et al. Estimating origin-destination flows using mobile phone location data[J]. IEEE Pervasive Computing，2011，10（4）：36-44.

[17] Xu Y, Shaw S L, Zhao Z, et al. Understanding aggregate human mobility patterns using passive mobile phone location data: A home-based approach [J]. Transportation, 2015, 42（4）: 625-646.

[18] Kujala R, Aledavood T, Saramäki J. Estimation and monitoring of city-to-city travel times using call detail records[J]. EPJ Data Science, 2016, 5（1）: 1-16.

[19] Louail T, Lenormand M, Cantu Ros O G, et al. From mobile phone data to the spatial structure of cities[J]. Scientific Reports, 2014, 4: 1-12.

[20] Niu X Y, Ding L, Song X D, et al. Understanding urban spatial structure of Shanghai central city based on mobile phone sata[J]. China City Planning Review, 2015, （3）: 15-23.

[21] Trasarti R, Olteanu-Raimond A M, Nanni M, et al. Discovering urban and country dynamics from mobile phone data with spatial correlation patterns[J]. Telecommunications Policy, 2015, 39（3）: 347-362.

[22] Belik V, Geisel T, Brockmann D. Natural human mobility patterns and spatial spread of infectious diseases[J]. Physical Review X, 2011, 1（1）: 3103-3106.

[23] Tizzoni M, Bajardi P, Decuyper A, et al. On the use of human mobility proxy for the modeling of epidemics[J]. PloS Computational Biology, 2014, 10（7）: 1-15.

[24] Christaki E. New technologies in predicting, preventing and controlling emerging infectious diseases[J].Virulence, 2015, 6（6）: 558-565.

[25] Gonzalez M C, Hidalgo C A, Barabasi A L. Understanding individual human mobility patterns[J]. Nature, 2008, 453（7196）: 779-782.

[26] Lee K, Hong S, Kim S J, et al. Slaw: A new mobility model for human walks[C]. Proceedings of the 28th IEEE International Conference on Computer Communications, Rio de Janeiro, 2009.

[27] Song C M, Qu Z H, Blumm N, et al. Limits of predictability in human mobility[J]. Science, 2010, 327（5968）: 1018-1021.

[28] 陆锋, 刘康, 陈洁. 大数据时代的人类移动性研究[J]. 地球信息科学学报, 2014, 9（5）: 665-672.

[29] 刘瑜, 康朝贵, 王法辉. 大数据驱动的人类移动模式和模型研究[J]. 武汉大学学报（信息科学版）, 2014, 39（6）: 660-666.

[30] 李婷, 裴韬, 袁烨城, 等. 人类活动轨迹的分类、模式和应用研究综述[J]. 地理科学进展, 2014, 33（7）: 938-948.

[31] Williams N E, Thomas T A, Dunbar M, et al. Measures of human mobility using mobile phone records enhanced with GIS data[J]. PloS One, 2015, 10（7）: 1-16.

[32] Giannotti F, Pedreschi D. Mobility, Data Mining and Privacy: Geographic Knowledge Discovery[M]. Berlin: Springer, 2008.

[33] de Montjoye Y A, Hidalgo C A, Verleysen M, et al. Unique in the crowd: The privacy bounds of human mobility[J]. Scientific Reports, 2013, 3（6）: 1376.

[34] 王璐, 孟小峰. 位置大数据隐私保护研究综述[J]. 软件学报, 2014, （4）: 693-712.

[35] 张海涛. 基于时空关联规则推理的 LBS 隐私保护研究[M]. 北京: 科学出版社, 2016.

[36] Bonchi F, Ferrari E. Privacy-Aware Knowledge Discovery: Novel Applications and New Techniques[M]. Boca Raton: CRC Press, 2010.

[37] 吴英杰. 隐私保护数据发布相关算法及模型研究[D]. 南京：东南大学，2011.

[38] Rajesh N，Sujatha K，Lawrence A A. Survey on privacy preserving data mining techniques using recent algorithms[J]. International Journal of Computer Applications, 2016, 133 (7): 30-33.

[39] Gkoulalas-Divanis A，Verykios V S. Association Rule Hiding for Data Mining[M]. New York: Springer，2010.

[40] Atallah M，Elmagarmid A，Ibrahim M，et al. Disclosure limitation of sensitive rules[C]. Proceedings 1999 Workshop on Knowledge and Data Engineering Exchange，Chicago，1999.

[41] Dasseni E，Verykios V S，Elmagarmid A K，et al. Hiding association rules by using confidence and support[C]. Proceedings of the 4th International Workshop on Information Hiding，London，2001.

[42] Sun X Z，Yu P S. Hiding sensitive frequent itemsets by a border-based approach[J]. Journal of Computing Science and Engineering，2007，1 (1): 74-94.

[43] Menon S，Sarkar S，Mukherjee S. Maximizing accuracy of shared databases when concealing sensitive patterns[J]. Information Systems Research，2005，16 (3): 256-270.

[44] Eagle N，Pentland A S，Lazer D. Inferring friendship network structure by using mobile phone data [J]. Proceedings of the National Academy of Sciences of the United States of America，2009，106 (36): 15274-15278.

[45] Cho E，Myers S A，Leskovec J. Friendship and mobility: User movement in location-based social networks[C]. Proceedings of the 17th ACM SIGKDD International Conference on Knowledge Discovery and Data Mining，San Diego，2011.

[46] Nguyen T，Szymanski B K. Using location-based social networks to validate human mobility and relationships models[C]. 2012 IEEE/ACM International Conference on Advances in Social Networks Analysis and Mining，Istanbul，2012.

[47] Clauset A，Eagle N. Persistence and periodicity in a dynamic proximity network [J]. Computer Science，2012，12 (11): 12-17.

[48] Socievole A，de Rango F，Marano S. Link prediction in human contact networks using online social Ties[C]. 2013 International Conference on Cloud and Green Computing，Karlsruhe，2013.

[49] Gao H J，Liu H. Mining human mobility in location-based social networks[J]. Synthesis Lectures on Data Mining and Knowledge Discovery，2015，7 (2): 1-115.

[50] Toole J L，Herrera-Yaqüe C，Schneider C M，et al. Coupling human mobility and social ties[J]. Journal of the Royal Society Interface，2015，12 (105): 266-271.

[51] Fan C，Liu Y D，Huang J M，et al. Correlation between social proximity and mobility similarity[J]. Scientific Reports，2017，7 (1): 1-8.

[52] Scherngell T. Recent developments of complex network analysis in spatial planning[M]//The Geography of Networks and R&D Collaborations. Vienna: Springer，2013.

[53] Louail T，Lenormand M，Picornell M，et al. Uncovering the spatial structure of mobility networks[J]. Nature Communications，2015，6: 1-8.

[54] Takeuchi F，Yamamoto K. Effectiveness of vaccination strategies for infectious diseases according to human contact networks[C]. Proceedings of the 5th International Conference on Computational Science，Atlanta，2005.

[55]　Balcan D，Colizza V，Gonçalves B，et al. Multiscale mobility networks and the spatial spreading of infectious diseases[J]. Proceedings of the National Academy of Sciences of the United States of America，2009，106（51）：21484-21489.

[56]　Bajardi P，Poletto C，Ramasco J J，et al. Human mobility networks，travel restrictions，and the global spread of 2009 H1N1 pandemic[J]. PloS One，2011，6（1）：1-8.

[57]　高彦杰，倪亚宇. Spark 大数据分析实战[M]. 北京：机械工业出版社，2016.

[58]　耿嘉安. 深入理解 Spark：核心思想与源码分析[M]. 北京：机械工业出版社，2016.

[59]　Chu C T，Kim S K，Lin Y A，et al. Map-reduce for machine learning on multicore[C]. Proceedings of the 19th International Conference on Neural Information Processing Systems，Vancouver，2006.

[60]　Zaharia M，Chowdhury M，Das T，et al. Resilient distributed datasets：A fault-tolerant abstraction for in-memory cluster computing[C]. Proceedings of th 9th USENIX Conference on Networked Systems Design and Implementation，San Jose，2012.

[61]　王虹旭，吴斌，刘旸. 基于 Spark 的并行图数据分析系统[J]. 计算机科学与探索，2015，9（9）：1066-1074.

[62]　文馨，陈能成，肖长江. 基于 Spark GraphX 和社交网络大数据的用户影响力分析[J]. 计算机应用研究，2018，35（3）：830-834.

[63]　Alpaydin E. 机器学习导论[M]. 范明，昝红英，牛常勇，译. 北京：机械工业出版社，2016.

[64]　Strogatz S H. Exploring complex networks[J]. Nature，2001，410：268-276.

[65]　汪小帆，李翔，陈关荣. 复杂网络——理论及其应用[M]. 北京：清华大学出版社，2006.

[66]　Newman M E J，Watts D J，Strogatz S H. Random graph models of social networks[J]. Proceedings of the National Academy of Sciences of the United States of America，2002，99（3）：2566-2572.

[67]　Barabasi A L，Albert R. Emergence of scaling in random networks[J]. Science，1999，286（5439）：509-512.

[68]　Erdős P，Rényi A. On the evolution of random graphs[J]. Transactions of the American Mathematical Society，2012，286（1）：257-274.

[69]　Kleinberg J M. Navigation in a small world[J]. Nature，2000，406：845.

[70]　Barabási A L，Bonabeau E. Scale-free networks[J]. Scientific American，2003，288：60-69.

[71]　Barrat A，Barthélemy M，Vespignani A. The architecture of complex weighted networks：Measurements and models[M]//Caldarelli G，Vespignani A. Large Scale Structure and Dynamics of Complex Networks：From Information Technology to Finance and Natural Science. New Jersey：World Scientific，2004.

[72]　Willcock J，Lumsdaine A. A unifying programming model for Parallel graph algorithms[C]. 2015 IEEE International Parallel and Distributed Processing Symposium Workshop，Hyderabad，2015.

[73]　Langheinrich M. Privacy by design-principles of privacy-aware ubiquitous systems[C]. Proceedings of the 3rd International Conference on Ubiquitous Computing，Atlanta，2001.

[74]　Cavoukian A. Privacy by Design. The 7 Foundational Principles[EB/OL]. https://www.iab. org/wp-content/IAB-uploads/2011/03/fred_carter.pdf[2017-11-12].

[75] Cavoukian A. Privacy by design: The definitive workshop. A foreword by Ann Cavoukian, Ph.D[J]. Identity in the Information Society, 2010, 3（2）: 247-251.

[76] Klitou D. Privacy-Invading Technologies and Privacy by Design [M]. Hague: T.M.C. Asser Press, 2014.

[77] Aad I, Niemi V. NRC data collection and the privacy by design principles[EB/OL]. https://pdfs. semanticscholar. org/fa27/ae53dd2fa795b33bdd5135b29722d80e6d09.pdf[2017-11-12].

[78] Perera C, Mccormick C, Bandara A K, et al. Privacy-by-design framework for assessing internet of things applications and platforms[C]. The 6th International Conference on the Internet of Things, Stuttgart, 2016.

[79] Cavoukian A, Fisher A, Killen S, et al. Remote home health care technologies: How to ensure privacy? Build it in: Privacy by design[J]. Identity in the Information Society, 2010, 3（2）: 363-378.

[80] Williams J B, Weber-Jahnke J H. Social networks for health care: Addressing regulatory gaps with privacy-by-design[C]. 2010 Eighth International Conference on Privacy, Security and Trus, Ottawa, 2010.

[81] Kum H C, Ahalt S. Privacy-by-design: Understanding data access models for secondary data[J]. AMIA Joint Summits on Translational Science Proceedings, 2013, 1（1）: 26-30.

[82] Cavoukian A, Marinelli T, Stoianov A, et al. Biometric encryption: Creating a privacy-preserving 'watch-list' facial recognition system [M]//Campisi P. Privacy and Security in Biometrics. London: Springer, 2013.

[83] Cavoukian A, Polonetsky J, Wolf C. SmartPrivacy for the smart grid: Embedding privacy into the design of electricity conservation[J]. Identity in the Information Society, 2010, 3（2）: 275-294.

[84] Danezis G, Domingo-Ferrer J, Hansen M, et al. Privacy and data protection by design-from policy to engineering[EB/OL]. https://arxiv.org/ftp/arxiv/papers/1501/1501.03726.pdf[2017-11-12].

[85] Stark L, King J, Page X, et al. Bridging the gap between privacy by design and privacy in practice[C]. Proceedings of the 2016 CHI Conference Extended Abstracts on Human Factors in Computing Systems, San Jose, 2016.

[86] Tsormpatzoudi P, Berendt B, Coudert F. Privacy by design: From research and policy to practice-the challenge of multi-disciplinarity[M]//Berendt B, Engel T, Ikononmou D, et al. Privacy Technologies and Policy. Cham: Springer, 2016.

[87] Mulligan D K, King J. Bridging the gap between privacy and design[J]. Journal of Constitutional Law, 2012, 14: 989-1034.

[88] Pagallo U. On the principle of privacy by design and its limits: Technology, ethics and the rule of law[M]//Gutwirth S, Leenes R, de Hert P, et al. European Data Protection: In Good Health? Dordrecht: Springer, 2012.

[89] Antignac T, Métayer D L. Privacy by design: From technologies to architectures[J]. Computer Science, 2014, 8450: 1-17.

[90] Dilorio C T, Carinci F, Brillante M, et al. Cross-border flow of health information: Is'privacy by design'enough? Privacy performance assessment in EUBIROD[J]. European Journal of

Public Health，2013，23（2）：247-253.

[91] Spiekermann S，Oetzel M C. Privacy-by-design through systematic privacy impact assessment—A design science approach[C]. ECIS 2012 Proceeding，Barcelona，2012.

[92] Luna J，Suri N，Krontiris I. Privacy-by-design based on quantitative threat modeling[C]//2012 7th International Conference on Risks and Security of Internet and Systems，Cork，2012.

[93] Monreale A，Rinzivillo S，Pratesi F，et al. Privacy-by-design in big data analytics and social mining[J]. EPJ Data Science，2014，3（1）：1-26.

[94] Monreale A，Pedreschi D，Pensa R G，et al. Anonymity preserving sequential pattern mining[J]. Artificial Intelligence and Law，2014，22（2）：141-173.

[95] Renso C，Spaccapietra S，Zimányi E. Mobility Data：Modeling，Management，and Understanding[M]. Cambridge：Cambridge University Press，2013.

[96] Sikant R，Agrawal R. Mining sequential patterns：Generalizations and performance improvements[C]. Proceedings of the 5th International Conference on Extending Database Technology：Advances in Database Technology，Avignon，1996.

[97] 王艳辉，吴斌，王柏. 频繁子图挖掘算法综述[J]. 计算机科学，2005，32（10）：193-196.

[98] Wörlein M，Meinl T，Fischer I，et al. A quantitative comparison of the subgraph miners mofa，gSpan，FFSM，and gaston[C]. Proceedings of the 9th European Conference on Principles and Practice of Knowledge Discovery in Databases，Porto，2005.

[99] Yan X F，Han J W. GSpan: graph-based substructure pattern mining[C]. 2002 IEEE International Conference on Data Mining，Maebashi，2002.

[100] Brilhante I R，de Macedo J A F，Renso C，et al. Trajectory data analysis using complex networks[C]. Proceedings of the 15th Symposium on International Database Engineering and Applications，Lisboa，2011.

[101] 郭仁忠. 空间分析[M]. 2 版. 北京：高等教育出版社，2001.

[102] 董鹏，杨崇俊，刘冬林，等. 基于 R＋树的地图叠加分析双重循环算法[J]. 中国图象图形学报，2003，8（6）：703-710.

[103] Chazelle B，Edelsbrunner H. An optimal algorithm for intersecting line segments in the plane[C]. 29th Annual Symposium on Foundations of Computer Science，White Plains，1988.

[104] 齐华，刘文熙. 建立结点上弧-弧拓扑关系的 Qi 算法[J]. 测绘学报，1996，25（3）：233-235.

[105] 高云琼，徐建刚，唐文武. 同一结点上弧—弧拓扑关系生成的新算法[J]. 计算机应用研究，2002，19（4）：58-59.

[106] Greiner G，Hormann K. Efficient clipping of arbitrary polygons[J]. ACM Transactions on Graphics，1998，17（2）：71-83.

[107] 董鹏，李津平，白予琦，等. 基于改进四叉树索引的矢量地图叠加分析算法[J]. 计算机辅助设计与图形学学报，2004，16（4）：530-534.

[108] 朱效民，赵红超，刘焱，等. 矢量地图叠加分析算法研究[J]. 中国图象图形学报，2010，15（11）：1696-1706.

[109] 王少华，钟耳顺，卢浩，等. 基于非均匀多级网格索引的矢量地图叠加分析算法[J]. 地理与地理信息科学，2013，29（3）：17-20.

[110] 赵斯思，周成虎. GPU 加速的多边形叠加分析[J]. 地理科学进展，2013，32（1）：114-120.

[111] 靳凤营, 张丰, 杜震洪, 等. 基于 Spark 的土地利用矢量数据空间叠加分析方法[J]. 浙江大学学报（理学版）, 2016, 43（1）: 40-44.

[112] 林栋, 秦志远, 杨婧玮, 等. 高分辨率遥感影像多特征协同地物分类方法[J]. 测绘科学技术学报, 2014, 31（2）: 167-172.

[113] Castelli G, Mamei M, Rosi A, et al. Extracting high-level information from location data: The W4 diary example[J]. Mobile Networks and Applications, 2009, 14（1）: 107-119.

[114] Andrienko G, Andrienko N, Hurter C, et al. From movement tracks through events to places: Extracting and characterizing significant places from mobility data[C]. 2011 IEEE Conference on Visual Analytics Science and Technology, Providence, 2011.

[115] Andrienko G, Andrienko N, Hurter C, et al. Scalable analysis of movement data for extracting and exploring significant places[J]. IEEE Transactions on Visualization and Computer Graphics, 2013, 19（7）: 1078-1094.

[116] Andrienko N, Andrienko G, Fuchs G, et al. Visual analytics methodology for scalable and privacy-respectful discovery of place semantics from episodic mobility data[M]//Bifet A, May M, Zadrozny B, et al. Machine Learning and Knowledge Discovery in Databases. Berlin: Springer, 2015.

[117] Shad S A. 移动用户轨迹与行为模式挖掘方法研究[D]. 合肥: 中国科学技术大学, 2013.

[118] 徐金垒, 方志祥, 萧世伦, 等. 城市海量手机用户停留时空分异分析——以深圳市为例[J]. 地球信息科学学报, 2015, 17（2）: 197-205.

[119] Bogorny V, Avancini H, de Paula B C, et al. Weka-STPM: A Software architecture and prototype for semantic trajectory data mining and visualization[J]. Transactions in GIS, 2011, 15（2）: 227-248.

[120] Ilarri S. Semantic management of moving objects: A movement towards better semantics[J]. Expert Systems with Applications An International Journal, 2013, 42（3）: 1418-1435.

[121] Albanna H, Moawad I F, Moussa S M, et al. Semantic trajectories: A survey from modeling to application[M]//Popovich V, Claramunt C, Schrenk M, et al. Information Fusion and Geographic Information Systems（IF&GIS'2015）. Berlin: Springer, 2015.

[122] 刘向宇, 李佳佳, 安云哲, 等. 一种保持结点可达性的高效社会网络图匿名算法[J]. 软件学报, 2016, 27（8）: 1904-1921.

[123] 郝雪燕. 基于位置的社会网络隐私保护关键技术[D]. 沈阳: 东北大学, 2014.

[124] 刘向宇. 面向社会网络的隐私保护关键技术研究[D]. 沈阳: 东北大学, 2014.

[125] Bhagat S, Cormode G, Krishnamurthy B, et al. Prediction promotes privacy in dynamic social networks[C]. Proceedings of the 3rd Conference on Online Social Networks, Boston, 2010.

[126] Cheng J, Fu W C, Liu J. K-isomorphism: Privacy preserving network publication against structural attacks[C]. 2010 ACM SIGMOD/PODS International Conference on Management of Data, Indianapolis, 2010.

[127] Wu W T, Xiao Y H, Wang W, et al. K-symmetry model for identity anonymization in social networks[C]. Proceedings of the 13th International Conference on Extending Database Technology, Lausanne, 2010.

[128] Das S, Eğecioğlu Ö, Abbadi A E. Anonymizing weighted social network graphs[C].2010 IEEE

26th International Conference on Data Engineering，Long Beach，2010.

[129] Liu X Y，Yang X C. Protecting sensitive relationships against inference attacks in social networks[M]//Lee S G，Peng Z Y，Zhou X F，et al. Database Systems for Advanced Applications. Berlin：Springer，2012.

[130] Holme P，Kim B J，Yoon C N，et al. Attack vulnerability of complex networks[J]. Physical Review E Statistical Nonlinear and Soft Matter Physics，2002，65（5）：1-15.

[131] Wu J，Deng H Z，Tan Y J，et al. Vulnerability of complex networks under intentional attack with incomplete information[J]. Journal of Physics A，2007，40（11）：2665-2671.

[132] Du Y X，Gao C，Hu Y，et al. A new method of identifying influential nodes in complex networks based on TOPSIS[J]. Physica A：Statistical Mechanics and Its Applications，2014，399：57-69.

[133] Sheikhahmadi A，Nematbakhsh M A，Shokrollahi A. Improving detection of influential nodes in complex networks[J]. Physica A：Statistical Mechanics and Its Applications，2015，436：833-845.

[134] 张琨，李配配，朱保平，等. 基于 PageRank 的有向加权复杂网络节点重要性评估方法[J]. 南京航空航天大学学报，2013，45（3）：429-434.

彩　　图

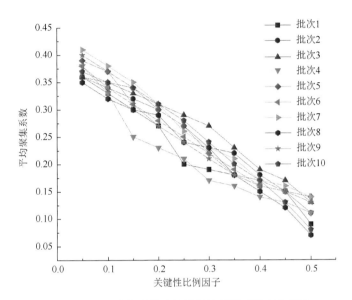

图 6.14　平均聚集系数随关键性比例因子的变化规律

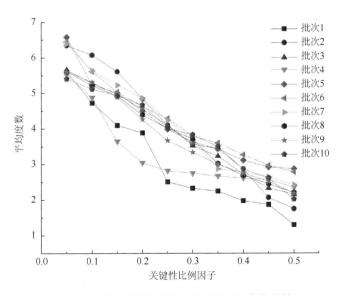

图 6.15　平均度数随关键性比例因子的变化规律

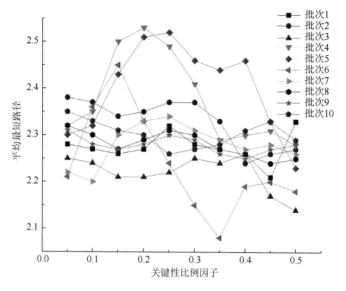

图 6.16　平均最短路径随关键性比例因子的变化规律

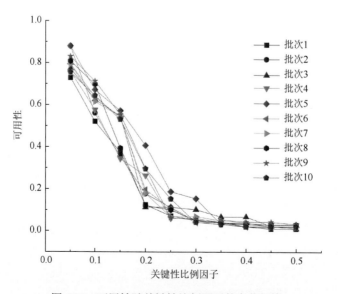

图 6.17　可用性随关键性比例因子的变化规律

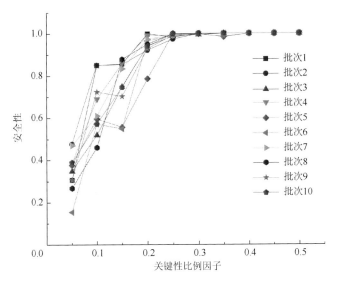

图 6.18　安全性随关键性比例因子的变化规律

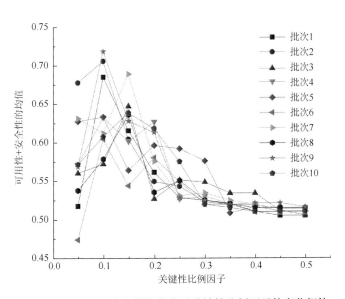

图 6.19　可用性＋安全性的均值随关键性比例因子的变化规律

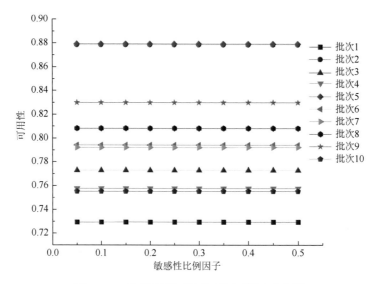

图 6.20　可用性随敏感性比例因子的变化规律

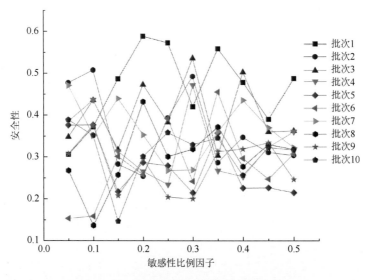

图 6.21　安全性随敏感性比例因子的变化规律